Galileo 科學大圖鑑系列

VISUAL BOOK OF THE TIME

時間大圖鑑

人 人 出 版

前　言

時間究竟是什麼呢？

日常生活中，時間理所當然地靜靜流逝，

但不論是物理學、宇宙理論、生命科學、心理學等領域，

時間仍是困擾許多學者的巨大謎團。

本書將從多種角度切入，介紹有關時間的話題。

我們現在居住的世界中，時間只會從過去往未來流動。

以前的人認為整個宇宙中，時間都以相同的方式流動，

但目前已知事實並非如此。

能在時間軸上自由移動一直是許多虛構故事的題材。

時空旅行真的能實現嗎？

如果可以的話又該怎麼做？

試著想像一下時間的開始與結束會是什麼樣子呢？

這代表宇宙也有其開端與終結。

面對看不見、摸不著的時間，人們發明了時鐘與曆法，

將時間分割成許多小片段方便理解。

而時鐘隨著科技進展越來越精密，

能測量到更精準的時間。

生物隨著地球時間的演進也一起進化而來。

人類與動物對時間的感知也十分精密，

形成一套相當巧妙的系統。

就讓我們一起進入時間的世界吧！

VISUAL BOOK OF THE TIME 時間大圖鑑

1 牛頓的絕對時間

2 愛因斯坦的相對時間

3 時空旅行

4 時間的起始與終結

5 時鐘與曆法

6 生物的時間

1
牛頓的絕對時間
Newton's absolute time

建立現代人時間觀的牛頓

時間的流逝被視為理所當然，平常幾乎不會意識到時間的存在。不過，以前的人對於「時間」這種理所當然存在，卻看不見、摸不著的東西感到相當疑惑，「時間究竟是什麼呢？」前人不斷推敲著這個難以回答的大哉問。

為科學界確立「時間永遠以一定的速度流逝」觀念為「常識」的，是英國科學家暨數學家 — 牛頓（Isaac Newton，1642～1727）。

牛頓在著作《自然哲學的數學原理》中，提出了「任何事物的時間流逝速度都相同」的概念，也就是「絕對時間」（absolute time）。代表在宇宙中任何角落放置的時鐘都會以相同的速度轉動。

牛頓
提出「絕對空間」與「絕對時間」的概念，對日後科學界的時空觀念影響十分深遠。然而後來愛因斯坦否定了絕對空間與絕對時間的概念。

由事物變化認知到的時間

西元前4世紀時，古希臘學者亞里斯多德（Aristotle，前384～前332）在他的著作《物理學》（*Physics*）當中，用了以下方式描述時間。

「時間是標示運動先後的數。」

亞里斯多德說的運動是指事物的變化，而用來標示變化的數（尺度）即是時間。也就是說，亞里斯多德認為「先有運動或變化，才能標示出時間」。

亞里斯多德

亞里斯多德的「時間」

蠟燭點火後，我們可以從蠟燭長度的變化認知到時間的流逝（A）。如果蠟燭沒有點火，就沒辦法確認時間的流逝（B）。

飛行中的箭矢沒有在飛？

亞里斯多德在《物理學》中也介紹了著名的「芝諾悖論」。該悖論原本是西元前5世紀時，由哲學家芝諾（Zeno，約前490～約前430）所提出。

「飛行中的箭矢在每個瞬間都是靜止的，但即使有許多靜止的箭矢，也不代表箭矢在飛行。」

芝諾否定了箭矢本身正在飛行的這件事。當然，現實中的箭矢會飛行，所以這個邏輯一定有漏洞。

思考芝諾悖論時，一定會碰上「時間是什麼」的問題。「瞬間」是什麼意思呢？如果把無限分割後的時間稱作「瞬間」，我們就必須再面對另一個問題：時間能被無限分割嗎？

現代物理學最新所討論的正是前面提到的一系列問題。即使過了2500年的漫長歲月，人類還是深陷於時間的謎團之中。

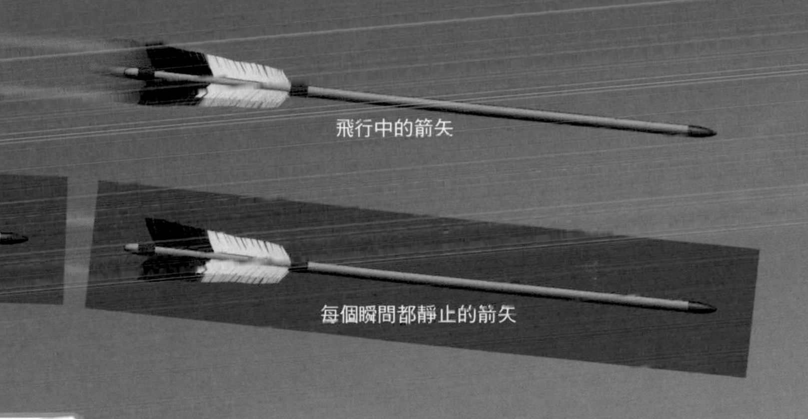

飛箭悖論

「飛行中的箭矢在每個瞬間都是靜止的，但即使有許多靜止的箭矢，也不代表箭矢在飛行。所以飛行中的箭矢沒有在飛。」

上述內容是「芝諾悖論」四個問題的其中之一。悖論（paradox）是指乍看下有道理的假設或邏輯，卻會得到悖於現實結論的論述。

在宇宙各處等速流逝的時間

牛頓提出的絕對時間概念，意指不管物體存在與否，或是否正在運動，時間都會以一定的腳步持續前進。即使宇宙中所有的時鐘突然消失，時間仍會持續流逝。

牛頓在1687年的著作《自然哲學的數學原理》中對時間的描述如下。

「絕對的、真實的、數學性的時間，因自身性質所致，其本身與外界毫無任何關係，會均勻地流逝，又另稱為『持續』」※。

當時也有不少人反對牛頓的絕對時間，其中最具有代表性的是德國的哲學家兼科學家萊布尼茲（Gottfried Leibniz，1646～1716）。萊布尼茲認為，「時間只是多種事物間的『順序關係』，因此與事物無關，本身會自行流逝的絕對時間並不存在」。

不過，隨著以絕對時間為基礎的牛頓力學（Newtonian mechanics）日漸普及，絕對時間的概念也深植人心，成為了大眾的常識。

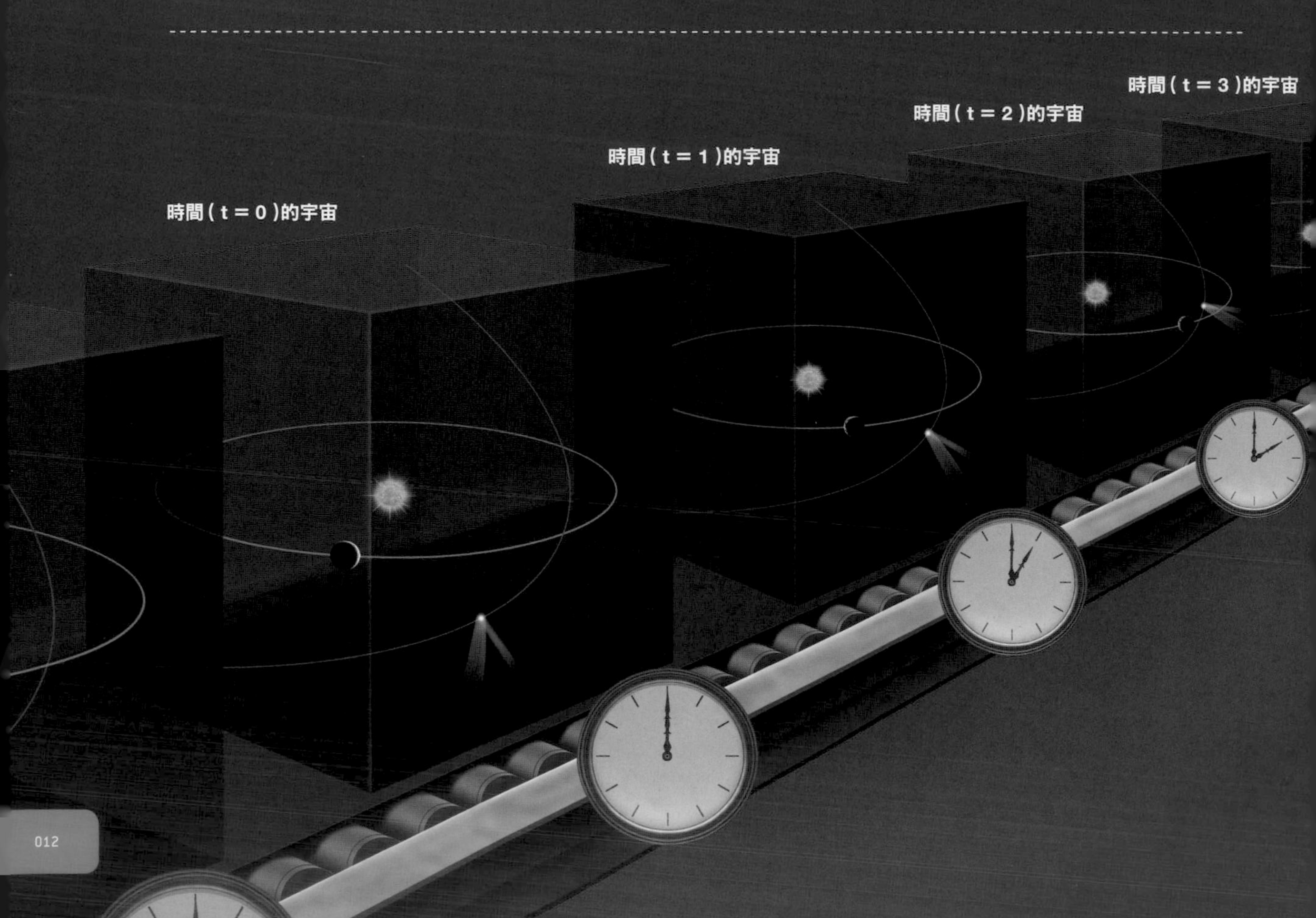

牛頓的絕對時間

牛頓的絕對時間就像是把整個宇宙放在一個固定速率的傳送帶上。宇宙中的任何事物都存在於這個傳送帶上，時間以相同的步調前進。牛頓的絕對時間為直線性時間，時間軸為無限長，沒有「起點」與「終點」。

牛頓

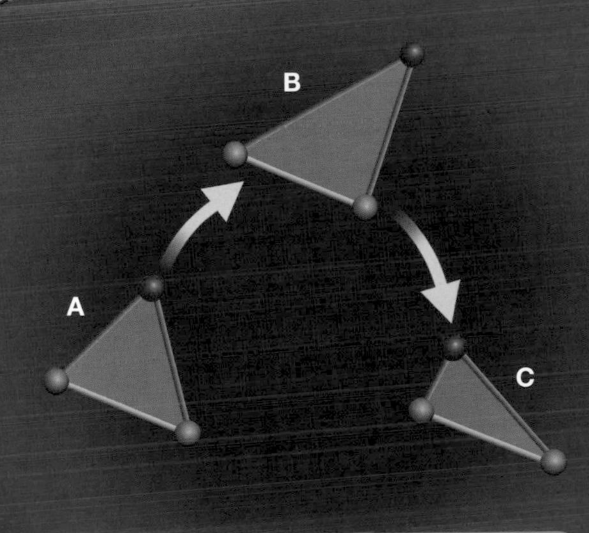

萊布尼茲

萊布尼茲的「關係說」

假設在某個時間點，三個物體的配置如上圖A，另一時間點的配置為上圖B，另一時間點的配置如上圖C。萊布尼茲認定的空間僅限於各物體間的位置關係（綠色三角形）。若因為某些定律，使配置關係從A轉變成B再轉變成C，萊布尼茲便認定這種順序關係為時間。萊布尼茲對空間與時間的理解方式稱作「關係說」。

參考《空間之謎、時間之謎》內井總七著（（日本）中央公論新社，2006年）

因重力與速度而伸縮的時間

在1905年，愛因斯坦（Albert Einstein，1879～1955）發表了不同於牛頓力學的「狹義相對論」（special relativity），此理論如下說明了什麼是時間。

「運動中的時鐘會走得比較慢。運動速度越接近光速，時間的延遲越大。若達到光速，時間則會靜止。」

另外，愛因斯坦於1915年至1916年完成的「廣義相對論」（general relativity），則提到重力會讓時間產生延遲。

在我們平常的日常經驗中，由於運動速度與重力的變化都非常小，時間的伸縮程度也非常小，因此無法直接察覺。不過，如果使用原子鐘，就可以確認當運動速度或高度有一定差別時，時鐘的前進速度不一樣。

事實上，作為世界標準時間（coordinated universal time，UTC）基準的原子鐘，以及GPS衛星上的原子鐘，都必須隨時以相對論修正時間上的誤差才能正常使用。

時間的伸縮

跟車站月台上靜止的人手上拿的時鐘（A）相比，以高速前進的新幹線上的時鐘（B）會走得比較慢（狹義相對論的效果）；和位置較低的時鐘（C）相比，位置較高的時鐘（D）會走得比較快（廣義相對論的效果）。噴射機或GPS衛星上的時鐘以高速飛行於高空，所以同時具有狹義相對論與廣義相對論的效果。兩者抵銷後，噴射機上的時鐘（E）會走得比地表上的時鐘慢一些，GPS衛星上的時鐘（F）則會走得快一些。插圖誇大了時間的差異。

F. GPS衛星上的時鐘
→時鐘走得較快

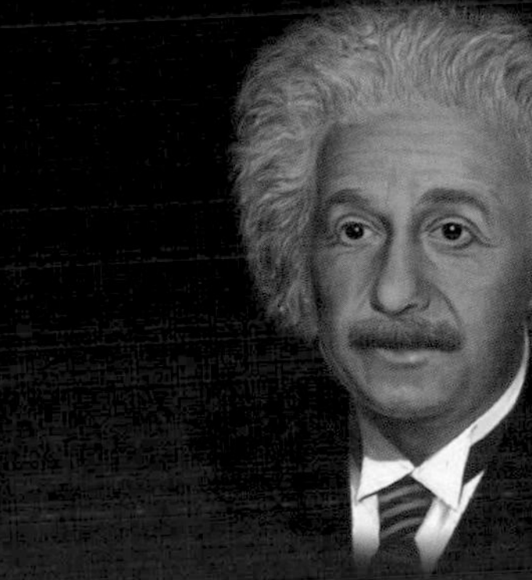

愛因斯坦

D. 高處的時鐘
→時鐘走得較快

C. 低處的時鐘

E. 噴射機上的時鐘
→時鐘走得較慢

往哪裡是「過去」，往哪裡是「未來」？

關於時間還有一個很大的謎題，不管是牛頓力學還是相對論都無法說明，那就是「時間的方向」。

舉例來說，假設有一段影片的底片記錄了太陽系外一個未知行星的公轉運動，但我們並不曉得底片的播放方向。如果將這段底片以某個方向播放，會看到行星以順時鐘方向公轉；倒帶播放則會看到行星以逆時鐘方向公轉。光是這樣並無法判斷行星的實際公轉方向。

之所以會出現這種現象，是因為支配行星公轉運動的牛頓力學「沒有辦法區別時間方向」。不只是牛頓力學，由馬克士威（James Clerk Maxwell，1831～1879）確立的電磁學，或相對論及量子論等也都無法區別時間方向。光靠這些理論並無法決定時間過去和未來的方向。

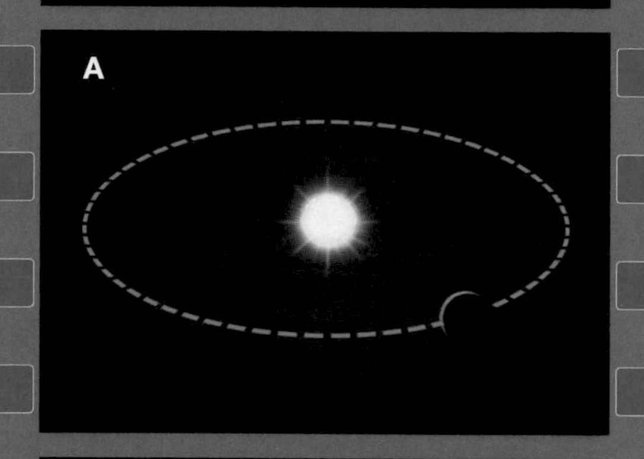

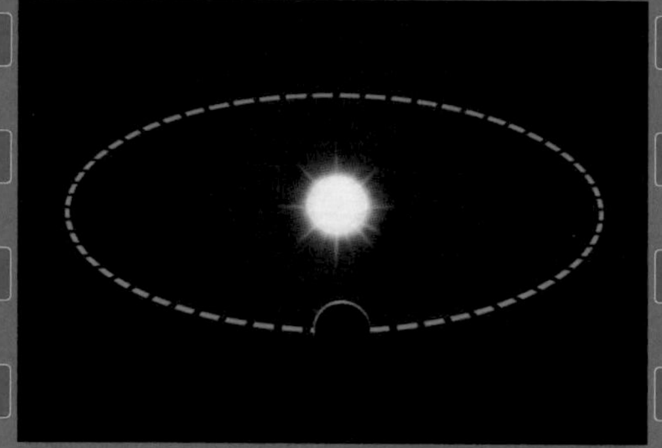

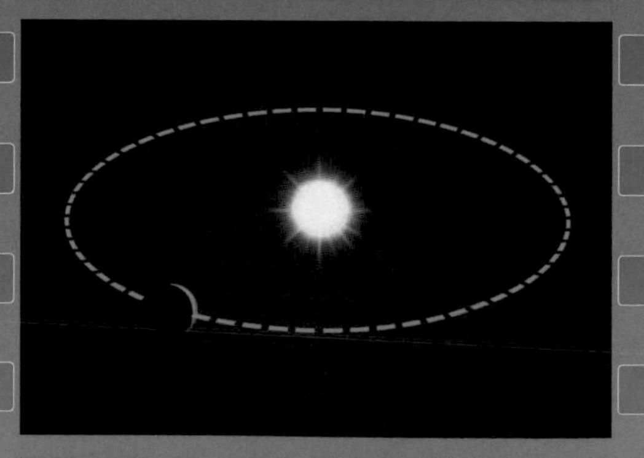

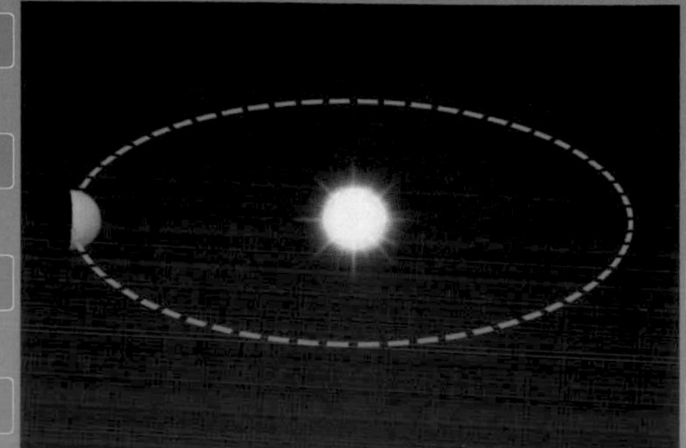

影片正確的播放方向是？

假設有三段底片（A～C）。A是未知行星的公轉運動，B是從橫向看運動軌跡為拋物線的橡膠球，C記錄了微粒子的碰撞過程。三個底片不管從哪個方向播放，看起來都不會不自然。這些運動由牛頓力學支配，可依原本的時間方向運動，也可依相反的時間方向運動。這種特性可描述成「牛頓力學在時間反轉後仍對稱」。相對論與量子論等物理理論在時間反轉後也保有對稱性質。

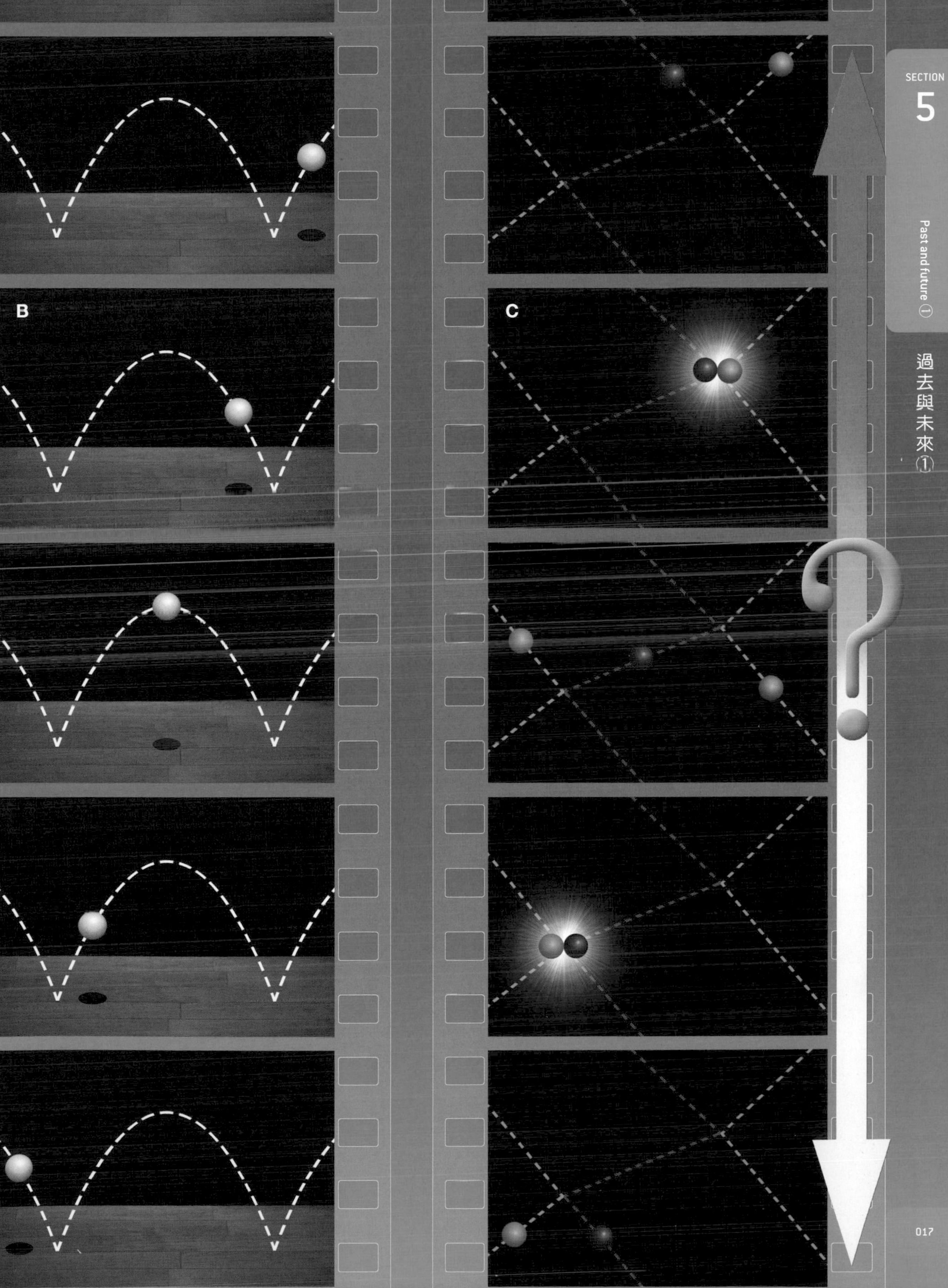
B
C

時間僅朝單一方向流逝

以牛頓力學為首的各種物理理論都無法區別過去與未來，但對我們來說，要區別過去與未來其實很簡單。假設眼前有兩張照片，分別是「未加入牛奶的咖啡」與「加入牛奶後的咖啡」。如果要判斷「哪張照片是過去狀態」，不管是誰都會回答前者吧？

這種時間上無法反轉的過程稱作「不可逆過程」(irreversible process)。身邊就有許多像是玻璃碎裂、人類老化等種種例子。

我們之所以可以區別過去與未來的差異，就是因為有這些不可逆過程。英國天文物理學家愛丁頓（Arthur Eddington，1882～1944）將這種時間的單一方向性稱為「時矢」（time's arrow）。

專欄 COLUMN 各種時矢

將石頭丟入池子的正中央，水波會從中心往外側逐漸擴散，而不會從周圍聚集收束到池子中央，這就是「水波的時矢」。

從過去到未來宇宙持續膨脹，這就是「宇宙論的時矢」。

我們會將記憶中或被紀錄下來的事件稱作「過去」，尚未發生稱作「未來」，正在思考的當下則稱作「現在」。這種連接過去、現在、未來的方式可稱作「意識的時矢」。

顯現於波的「時矢」

宇宙膨脹的「時矢」

意識的「時矢」

時矢的概念

將牛奶倒入咖啡後，咖啡的變化如上圖的A～D，最後牛奶會擴散至整杯咖啡中，這種變化絕對不會逆向發生。牛奶擴散現象屬於「熱力學的時矢」。除此之外還有各種時矢的例子。

COLUMN

反物質會朝著過去前進嗎？

正電子（positron）是一種與電子的質量完全相同，電性卻相反的基本粒子（elementary particle）。物理學家費曼（Richard Feynman，1918～1988）認為正電子「可視為朝著過去前進的電子」。

電子在朝上的磁場中會沿著圓形軌道逆時鐘旋轉，而正電子在朝上的磁場中則會沿著圓形軌道順時鐘旋轉。

如果我們錄下逆時鐘旋轉的電子再倒帶播放，看起來就像正在順時鐘旋轉的正電子。事實上，「將逆時鐘旋轉的電子倒帶播放」與「順時鐘旋轉的正電子」以數學來說完全相同。那麼費曼的

磁場中的電子與正電子旋轉方向相反

磁場中的電子會逆時鐘旋轉，正電子則會順時鐘旋轉。如果將電子的運動錄影下來再倒帶播放，看起來就和正電子完全相同。

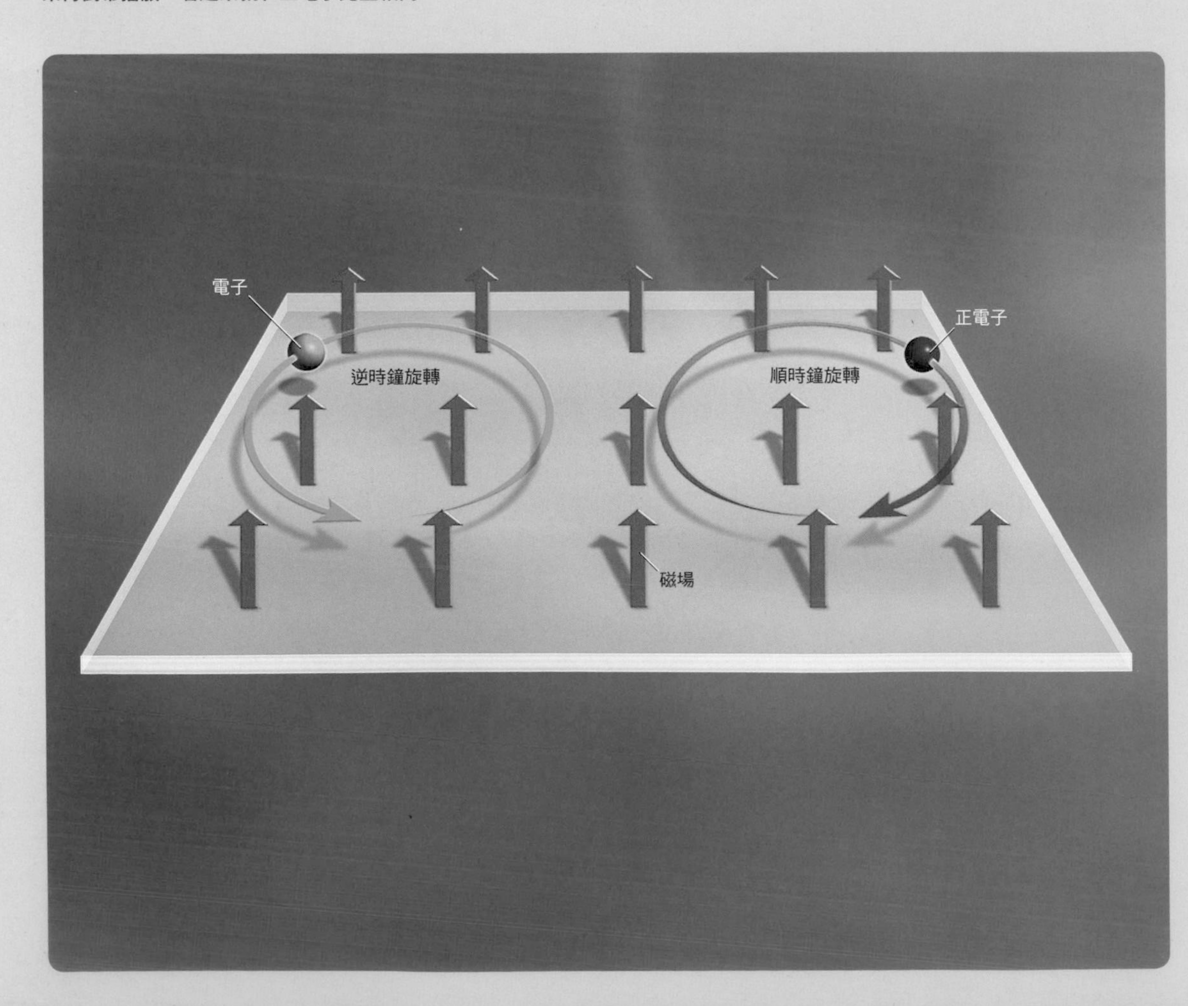

說法，也可以解釋為什麼正電子與電子的質量完全相同。

朝著過去與未來前進的電子

下方插圖是一個時空圖，縱軸代表時間，橫軸代表空間。來自左方的電子在某個時間點（A）折返，往過去前進，過一陣子之後（B）再度發生時間反轉，改往未來前進。在A與B之間，電子轉變成了正電子。也就是說，整個運動可解釋成單一電子的運動。

反物質會朝著過去前進嗎？

如果上述情況不僅限於電子，反質子與質子有相同質量，但帶有負電。反質子、反中子等「反物質」都存在這種現象的話會發生什麼事呢？

假設下方插圖中的電子是「由一般物質構成的汽車」，正電子是「由反物質構成的汽車」，下圖就可解釋成「由反物質構成的車在A到B的區間朝著過去前進，進行了一段時間旅行」。不過，這種「時光機」沒辦法將未來的資訊帶到過去，所以無法用來建構實用的時光機。

是電子與正電子？還是單一個電子？

下圖描繪了兩個電子與一個正電子的運動。一般情況下會將下圖解釋成「電子與正電子在B點成對生成（pair creation），於時間為5的時候，正電子與另一個電子於A點對撞湮滅（annihilation）」。但也可以解釋成「電子在A點反轉時間，朝過去移動，抵達B點時再度反轉時間，朝未來移動」。

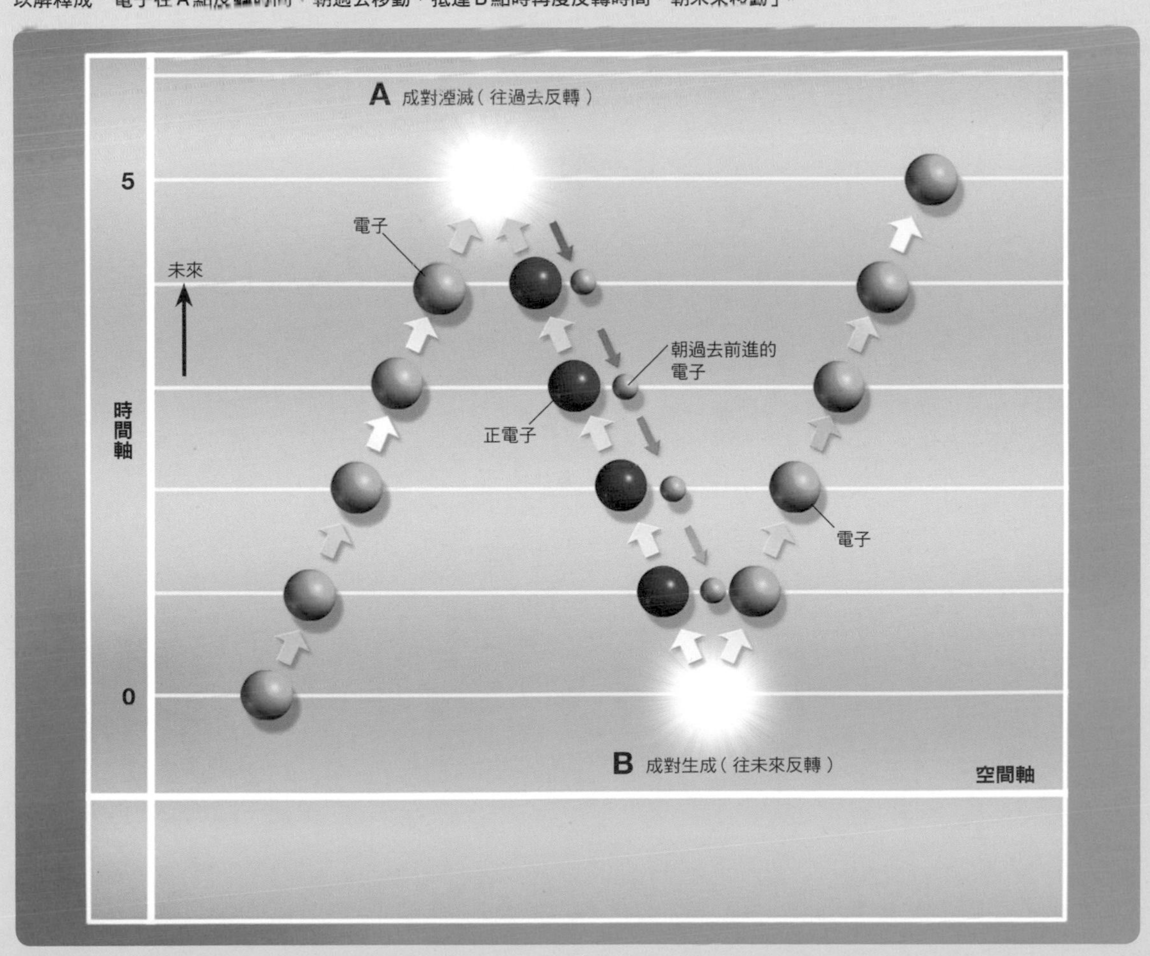

不可逆的變化也會出現在原子行為上

19世紀的物理學家波茲曼（Ludwig Boltzmann，1844～1906）認為，之所以會產生不可逆的變化，是因為變化本身牽扯到數量龐大的原子與分子。

回想一下前幾頁所提到混合咖啡與牛奶的例子。「未與牛奶混合的咖啡」和「已與牛奶混合的咖啡」，兩者的咖啡粒子與牛奶粒子個數並沒有差異，差別在於兩者牛奶粒子的「混亂程度」。

將「混亂程度」數值化後，就是所謂的「熵」(entropy)。按照波茲曼的定義，如果粒子的分布十分規則代表「熵值相對較低」；如果粒子的分布很亂則代表「熵值相對較高」。波茲曼認為，熵或許能定義時矢的方向。

用咖啡與牛奶的例子思考什麼是熵

在微觀角度下，咖啡與牛奶的混合情況可以由「牛奶粒子在咖啡空間中的分布」定義。波茲曼取用熵的概念，用分布的各種情況定義熵值的大小。假設分布情況有W種，熵S則定義為$S=k\log W$（k為波茲曼常數，是一個比例常數）。

1. 混合前的牛奶分布

為了簡化牛奶粒子與咖啡的混合情況，假設「用一個6×6＝36的方格表示咖啡，並以6個白色方塊表示牛奶粒子，使其分布在方格上」。混合前的牛奶相當於「6個白色方塊全部集中在6×6方格的最上列」。這種白色方格的分布情況只有1種，所以W為1，熵值S為0，此時的熵值最小。

分布情況有**1種**
→熵值相對較「低」

$$S = k \log W$$

波茲曼提出用來計算熵值的方程式

波茲曼

分布情況有**720種**
→熵值相對較「高」

2. 混合後的牛奶分布

混合後的牛奶中「6個白色方格會散亂分布在6×6方格的各處」。假設當同一橫列或同一縱行上不會同時存在兩個白色方格時代表「散亂狀態」，這種狀態的白色方格共有720種分布情況。W為720，熵值S約為2.9×k，顯然高於混合前的熵值。

散亂程度隨著時間經過而增加

隨著時間的經過，秩序狀態（低熵狀態）會逐漸轉變成散亂狀態（高熵狀態）並趨於穩定。就像整理整齊的房間隨著時間的經過而越來越亂。隨著時間的經過，熵值也會越來越大，這就是「熵增原理」。

我們身邊的各種不可逆過程都奠基於「熵增原理」。換言之，不可逆過程就是隨著時間的經過，從原本的秩序狀態變得越來越散亂的過程。

由硬幣的實驗了解熵增原理

桌上有10枚硬幣，皆為正面朝上。若敲打桌面，使桌面晃動，硬幣會隨機翻面。這個舉動重複多次後，硬幣正面朝上與背面朝上的比例會趨於相同。也就是說，一般會從「10枚硬幣皆為正面」變為「正面與反面各5枚」。與此方向相反的變化則相當罕見。

1枚硬幣的情況

將1枚硬幣放在桌上並持續敲打桌面，隨著時間的經過，硬幣的正反面會隨機變化。如果反轉時間軸觀察硬幣的變化，也不會有任何不自然的地方。也就是說，只有1枚硬幣時，硬幣的變化不存在「時矢」。

10枚硬幣的情況

如果改用10枚硬幣進行實驗，則會出現不可逆現象，代表存在時矢。假設n枚硬幣為正面的情況共有W種，由W可以計算出n枚硬幣時的熵值，且熵值會隨著時間經過而越來越大（熵增原理）。

10枚硬幣為正面的情況有**1種**
→熵值「相對較低」

時矢不存在

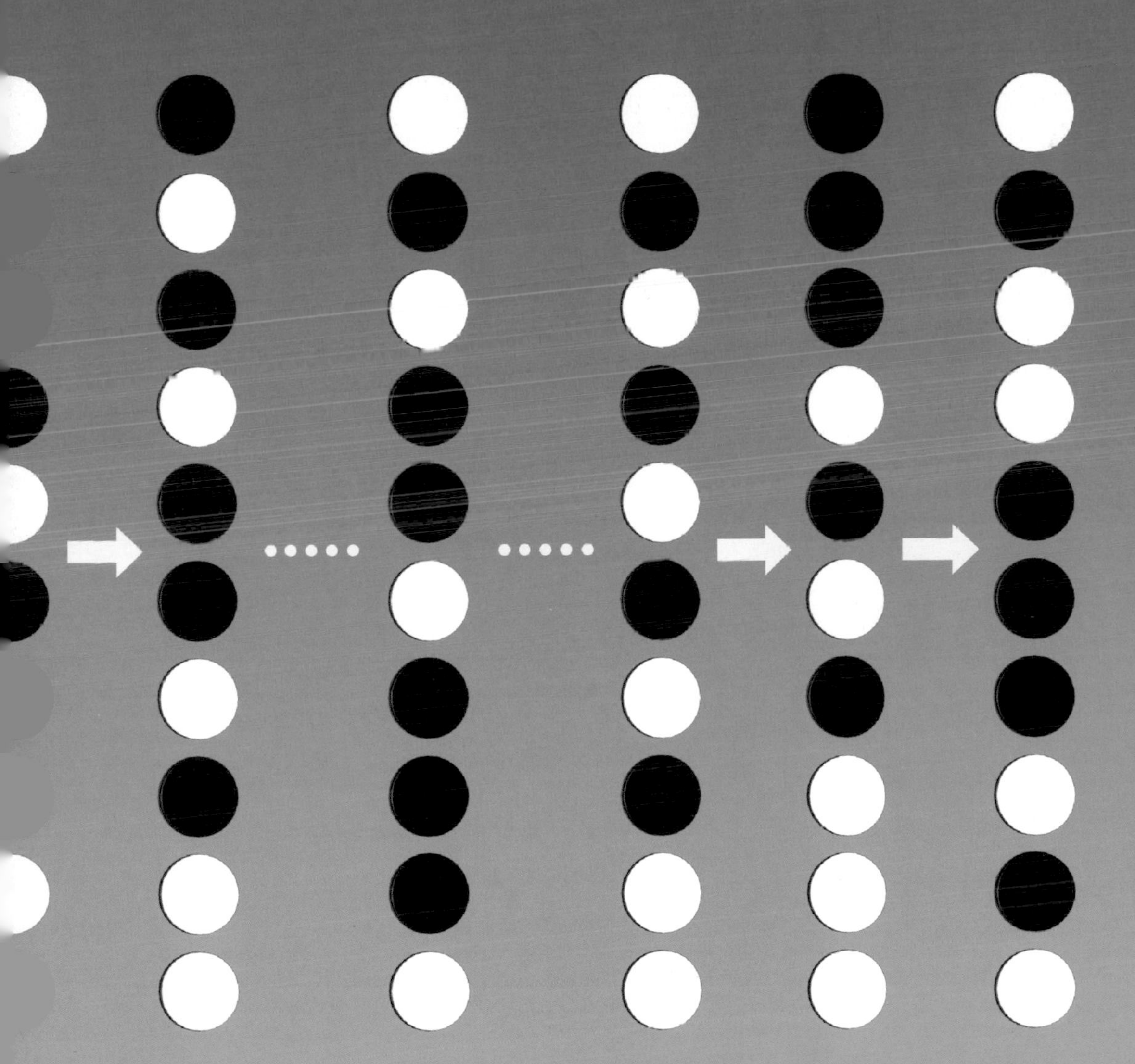
時矢存在
5枚硬幣為正面的情況有252種
→熵值「相對較高」

隨著時間的經過也可能會越來越有秩序

我們身上的DNA由碳、氮等各種原子組合而成，是相當有秩序的結構。乍看之下，生命體誕生的過程是一個熵值減少的現象。這似乎與熵增原理有所矛盾，然而事實並非如此。

思考一下前頁提到的10枚硬幣例子。10枚硬幣在偶然之下全部轉為正面的機率相當低，但如果我們用手將硬幣逐一翻面，就可以讓10枚硬幣全部轉為正面。也就是說，如果從外界輸入能量，就能簡單地減少熵值。

事實上，熵增原理必須在不受外界影響的封閉系統（孤立系統）中才會成立。像地球這種持續接受外界能量的環境中，狹小範圍內的熵值很可能會減少。不過，若考慮宇宙整體的環境，熵增原理仍成立。

太陽會使熵值減少

合成DNA時，必須將多個結構相對單純的原料分子依特定方式正確組合。這種熵值減少的行為之所以能夠進行，是因為來自太陽的能量持續輸入至地球。當有能量持續從外界流入系統時（開放系統），熵值可能會減少。宇宙中各種有秩序的系統（如星系）就是這樣形成的。

星系
宇宙中也存在有秩序的系統
太陽給予地球的能量
糖
（有機物質，DNA
構成要素之一）
磷酸
（化合物，DNA
構成要素之一）
熵值「減少」
鹼基
（有機物質，DNA
構成要素之一）
熵值「減少」
DNA
（去氧核醣核酸）

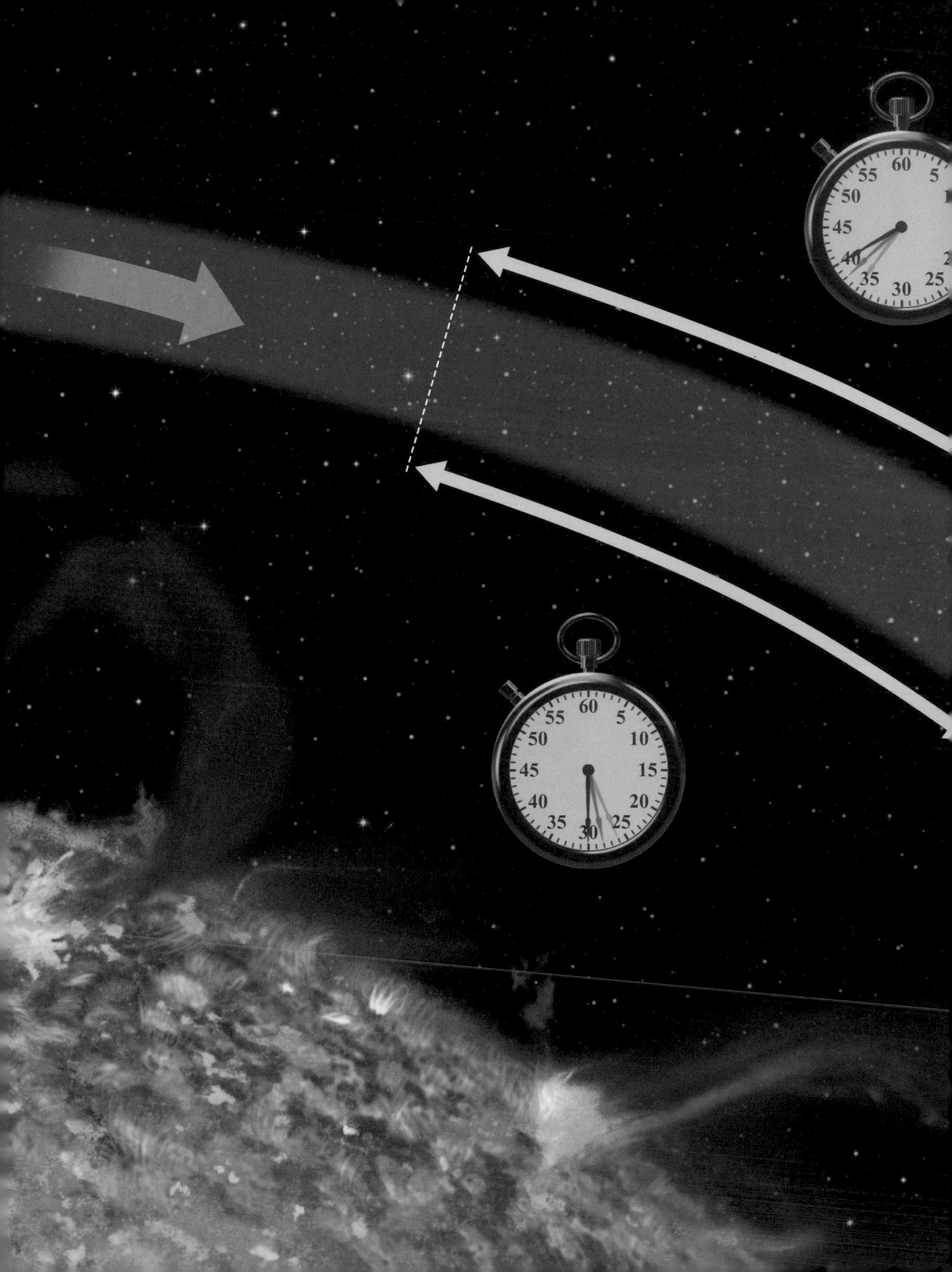

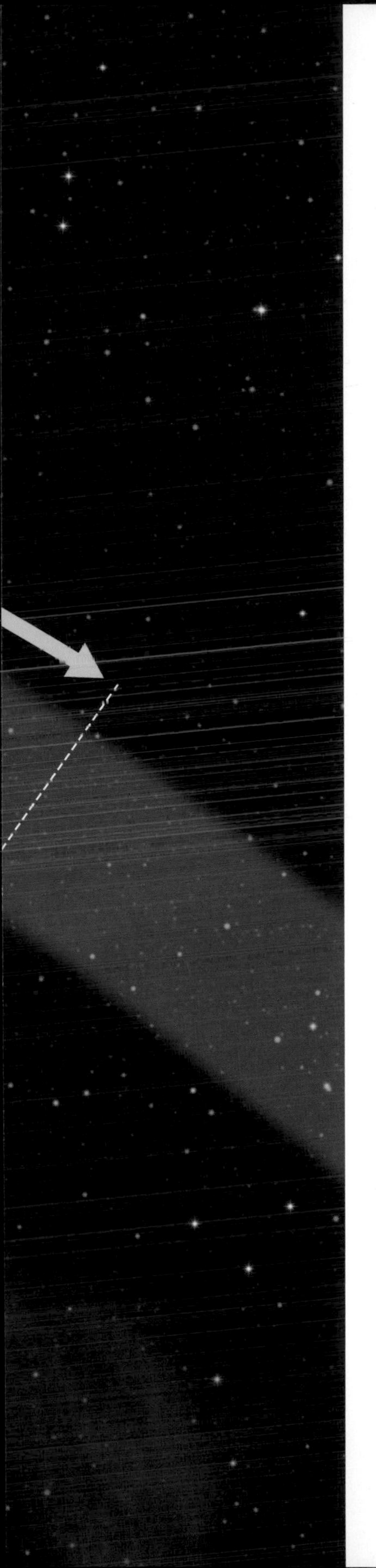

2

愛因斯坦的相對時間

Einstein's time

時間會不斷伸縮

在某些特殊的狀況下可以否定絕對時間的存在。愛因斯坦在「狹義相對論」與「廣義相對論」中提到，時間並非以固定速度前進，而是可能會伸縮。

舉例來說，在重力非常強大的黑洞附近，時間看起來就像靜止一樣。另外，如果以光速接近某人，彼此都會覺得對方的時間流逝相當緩慢。也就是說，從不同角度來看，時間的流逝方式也會不一樣。

事實上，我們也同樣受到相對論效應的影響，不過地球重力或交通工具的移動速度所造成的時間伸縮程度非常微小，因此才會覺得時間以固定速率流逝。

假如在飛機上丟球

為了理解「狹義相對論」與「廣義相對論」中提到的神奇時間概念，需要先了解一些先備知識，例如「相對性原理」（relativity principle）。

想像現在正在搭乘一架以固定速度飛行的飛機，若在飛機內將球往正上方拋出會發生什麼事呢？當球被拋出時，由於飛機仍在往前飛行，球應該要往後飛才對，然而事實並非如此。和在地面上拋球一樣，在飛機中拋球時，球會往正上方飛，再往正下方掉落。

拋球前，乘客與球在飛機中以相同速度前進。拋球後，兩者在水平方向的速度仍保持一定（慣性定律），所以球不會往後飛。

因此，若飛機或汽車以一定速度前進，內部的物體運動會與靜止的人觀察地面上的物體運動完全相同，此現象稱為「伽利略的相對性原理」。

愛因斯坦認為這種相對性原理也適用於光。假設一輛車朝著固定方向移動，車內乘客觀察往上打的光時，會看到光往正上方前進。

飛機與地球都在移動

以固定速度飛行的飛機內，球與光的軌跡，和它們在地面上的軌跡相同，都是垂直上下移動。由於地球會自轉，地面其實也不是「完全靜止」，而是會同時繞著太陽公轉，太陽系也繞著銀河系中心公轉。由此看來，於地面將球往上拋後球會回到手上，正好說明了相對性原理的正確性。

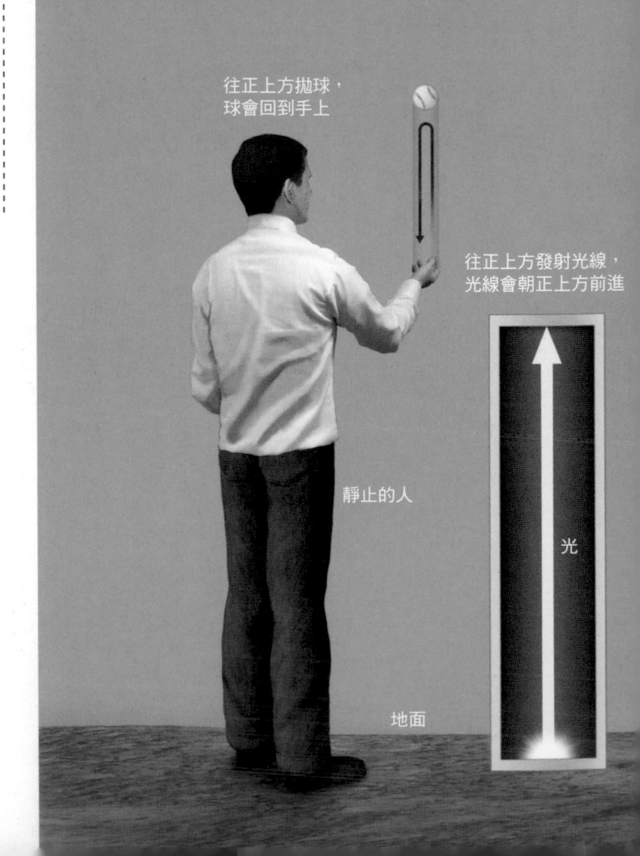

以高速（固定速度）飛行的飛機

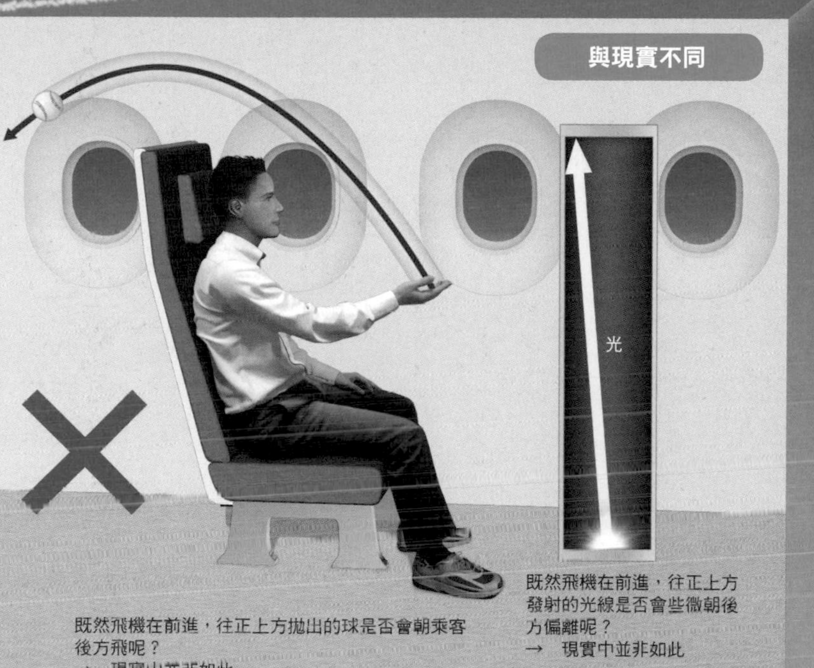

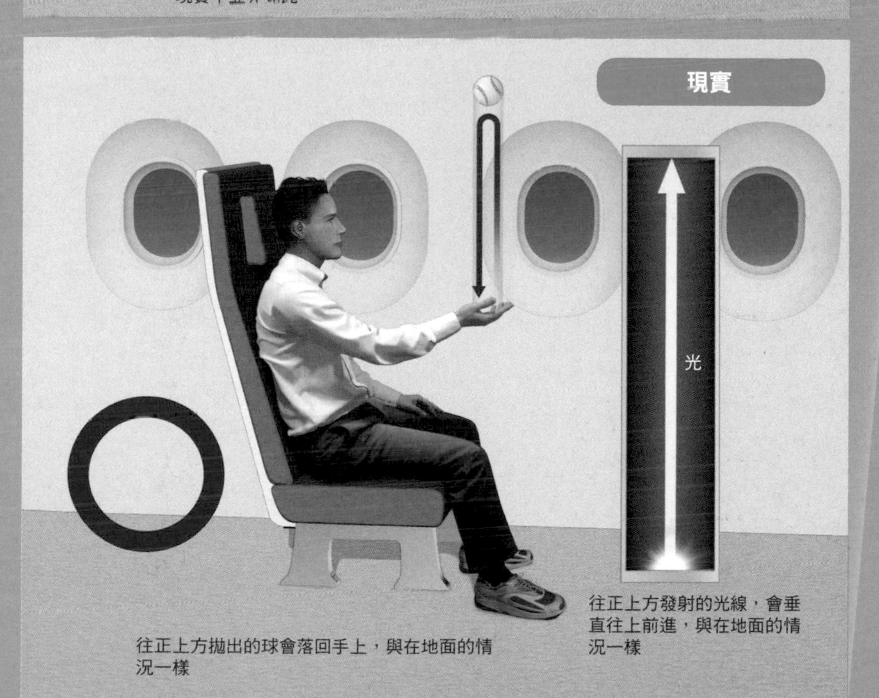

不管是誰來觀測，光速都不會變

光速恆定

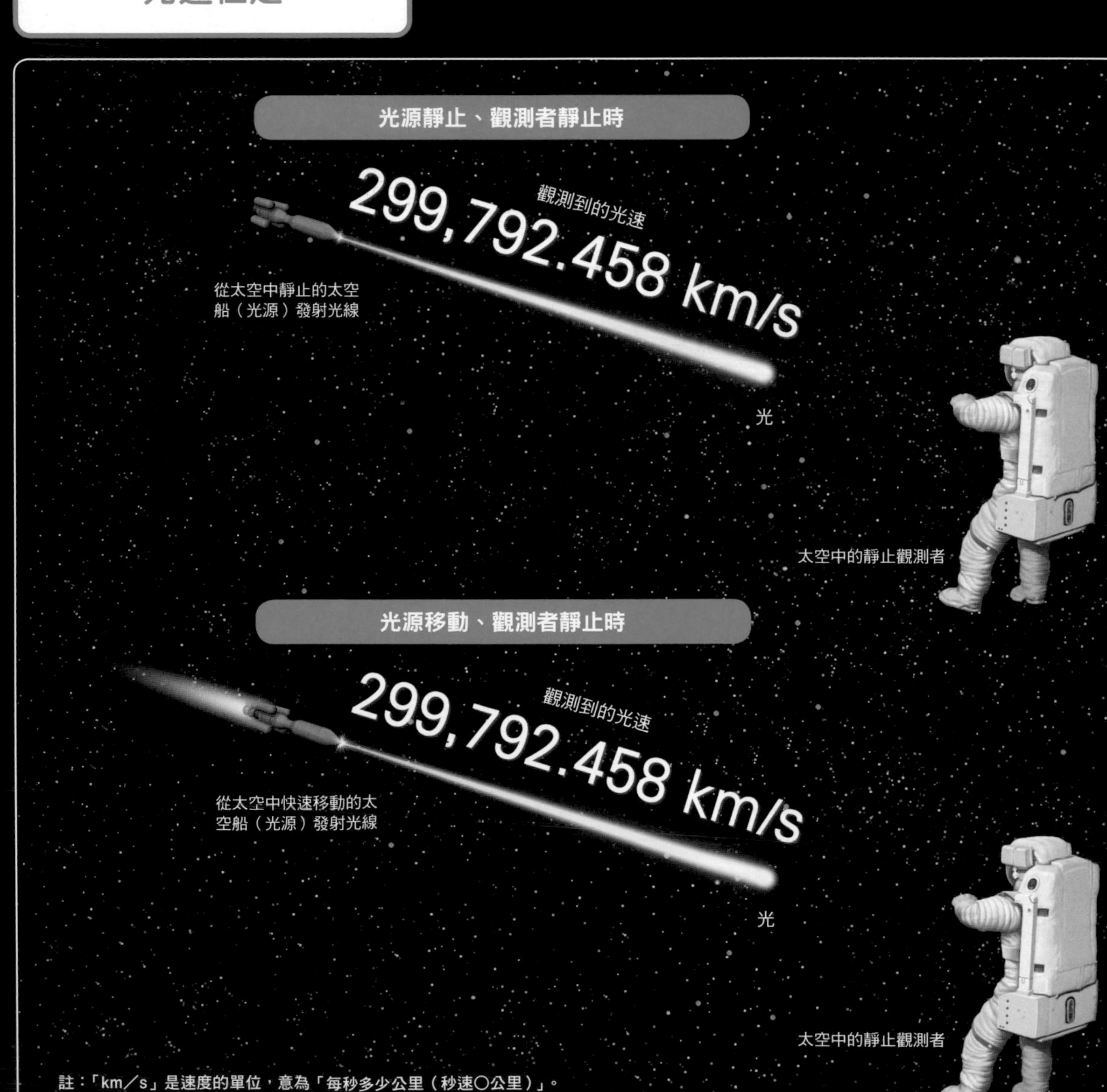

註：「km／s」是速度的單位，意為「每秒多少公里（秒速○公里）」。

第二個關鍵是「光速不變原理」，意思是「不管光源以什麼速度運動、不管測量光速的人（觀測者）以什麼速度運動，在真空中所測量到的光速都一樣」。真空中的光速約為秒速30萬公里（更精確的數字是秒速29萬9792.458公里）。

不管光源（例如燈泡、日光燈、LED）是靠近還是遠離觀測者，或相反地，不管觀測者靠近或遠離靜止的光源，即使兩者都在移動，測量到的光速都不會改變。

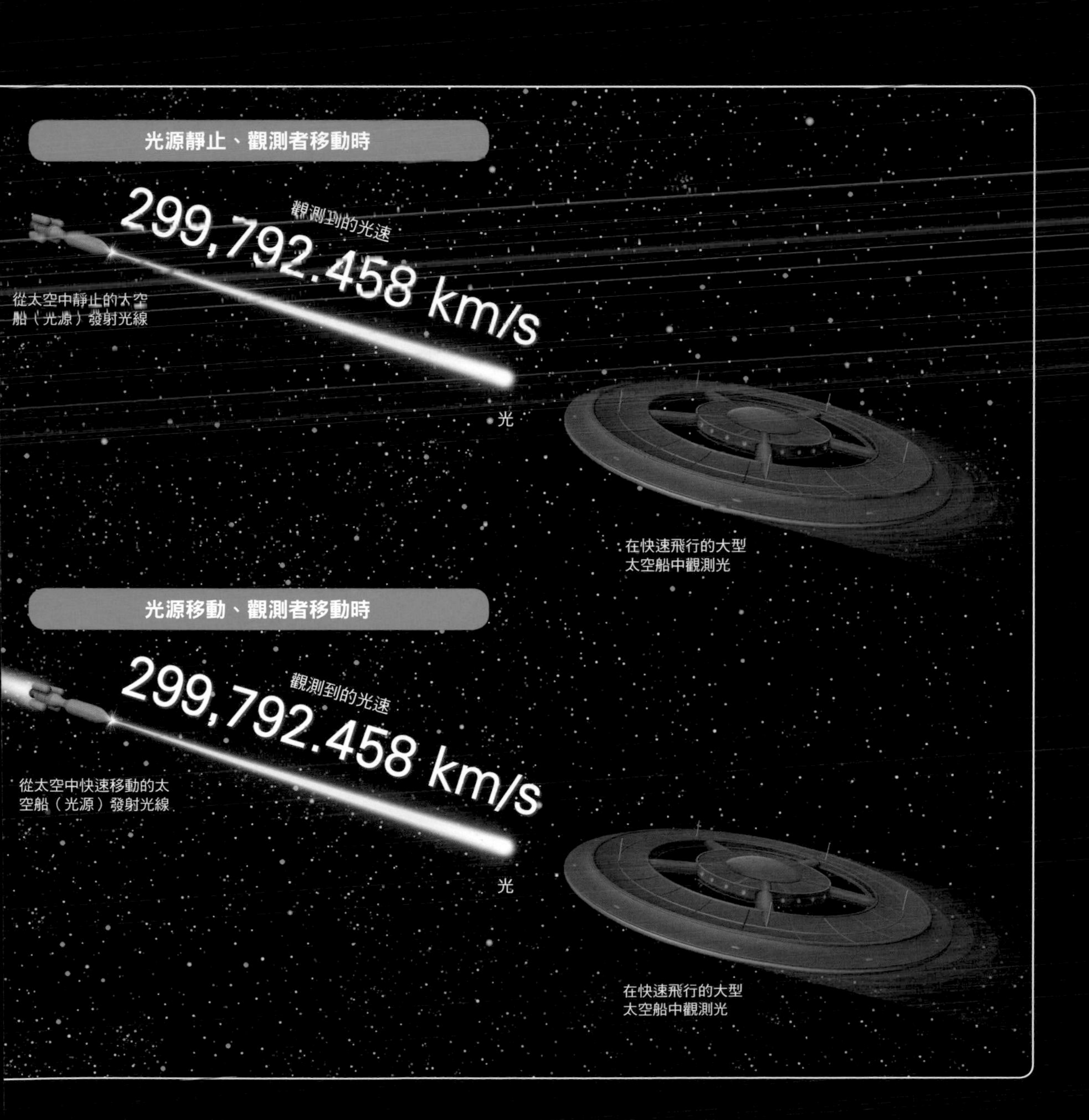

超高速移動時的時間

太空人愛麗絲位於某行星表面，另一位太空人鮑伯所搭乘的太空船在愛麗絲眼中以光速的80%前進（速度固定）。愛麗絲與鮑伯的身旁分別有一個高30萬公里的「光鐘」，其內部是一個真空圓筒，底端設有光源。當底端發射的光抵達頂端的瞬間，螢幕會顯示「1秒」。

由相對性原理可知，在太空船上的鮑伯眼中，他身旁的光鐘會朝正上方發射光線。由光速不變原理也可知，在鮑伯眼中，光會在1秒後抵達光鐘頂端。

另一方面，在愛麗絲的眼中，鮑伯身旁光鐘內的光在前進時，太空船也在前進，光軌跡會是傾斜的，因此光的前進距離會拉長。但由光速不變原理可知，在愛麗絲眼中，鮑伯身旁光鐘內的光也會以秒速30萬公里前進。所以在愛麗絲眼中，1秒後鮑伯光鐘內的光線還未抵達頂端。

太空船內光線抵達頂端需花費1秒，所以愛麗絲眼中的1秒，在太空船內還不到1秒。也就是說，對愛麗絲而言，以接近光速前進的太空船內，時間會流逝得比較慢。

綜上所述，狹義相對論以相對性原理與光速不變原理為基礎，說明「時間流逝情況（與空間大小）會因為觀測立場而改變」。

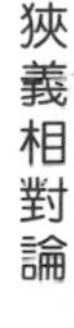

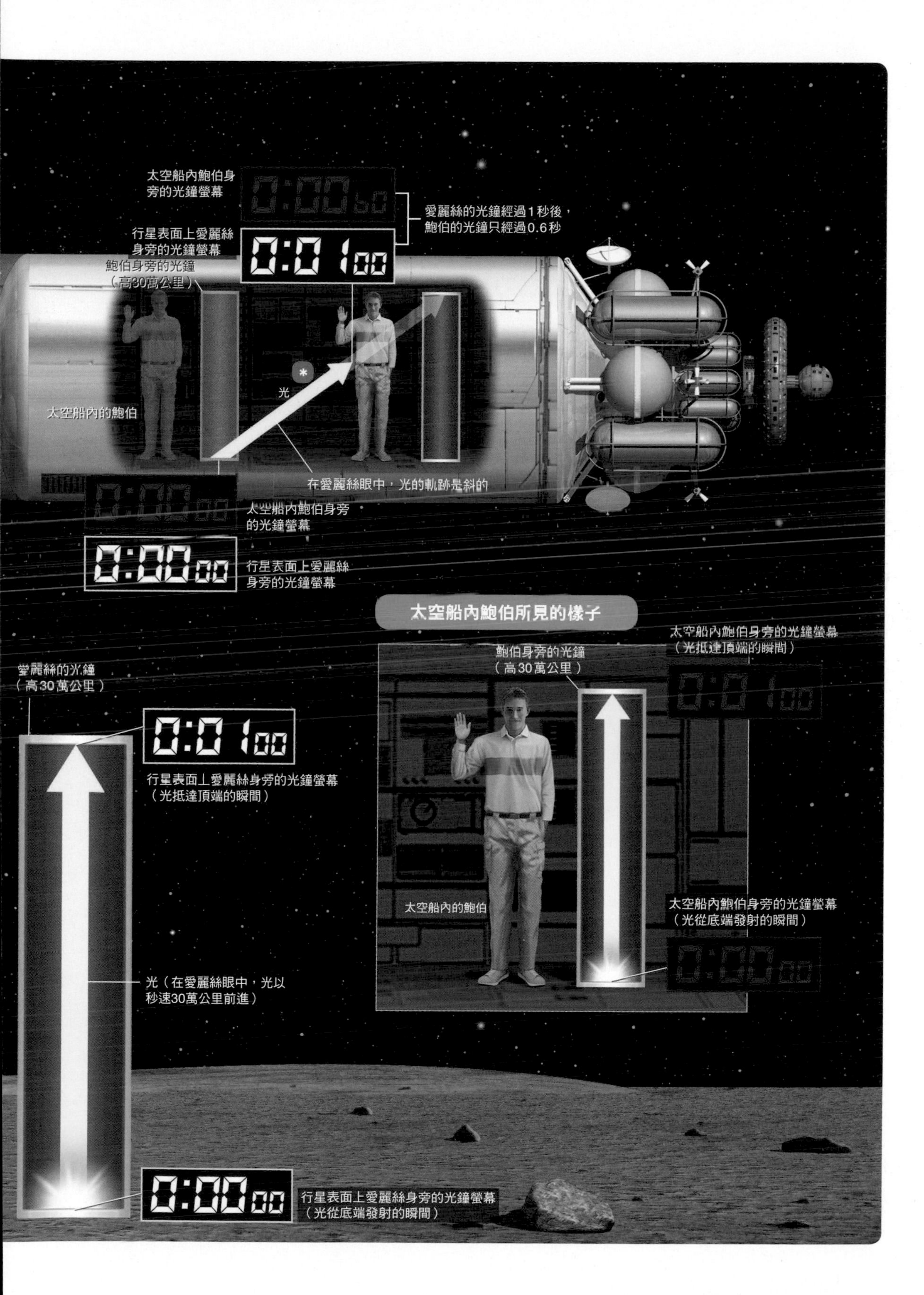
太空船內鮑伯身旁的光鐘螢幕
0:00 60
愛麗絲的光鐘經過1秒後，鮑伯的光鐘只經過0.6秒
行星表面上愛麗絲身旁的光鐘螢幕
0:01 00
鮑伯身旁的光鐘（高30萬公里）
光
太空船內的鮑伯
在愛麗絲眼中，光的軌跡是斜的
太空船內鮑伯身旁的光鐘螢幕
0:00 00
行星表面上愛麗絲身旁的光鐘螢幕
太空船內鮑伯所見的樣子
太空船內鮑伯身旁的光鐘螢幕（光抵達頂端的瞬間）
鮑伯身旁的光鐘（高30萬公里）
0:01 00
愛麗絲的光鐘（高30萬公里）
0:01 00
行星表面上愛麗絲身旁的光鐘螢幕（光抵達頂端的瞬間）
太空船內的鮑伯
太空船內鮑伯身旁的光鐘螢幕（光從底端發射的瞬間）
0:00 00
光（在愛麗絲眼中，光以秒速30萬公里前進）
0:00 00
行星表面上愛麗絲身旁的光鐘螢幕（光從底端發射的瞬間）

重力效應使時間流逝變慢

愛因斯坦於1915年至1916年間發表了廣義相對論，說明重力會造成時間延遲。由廣義相對論可知，當我們接近中子星（neutron star）、黑洞等超高密度的星體時，重力效應會讓時間流逝變慢。

由狹義相對論與廣義相對論可知「當觀測者狀況不同時，時間的流逝也會有差異」，因此否定了機械時鐘及牛頓所提出「不論身處何地，時間的流逝速率都相同」等時間概念。

地球的時鐘

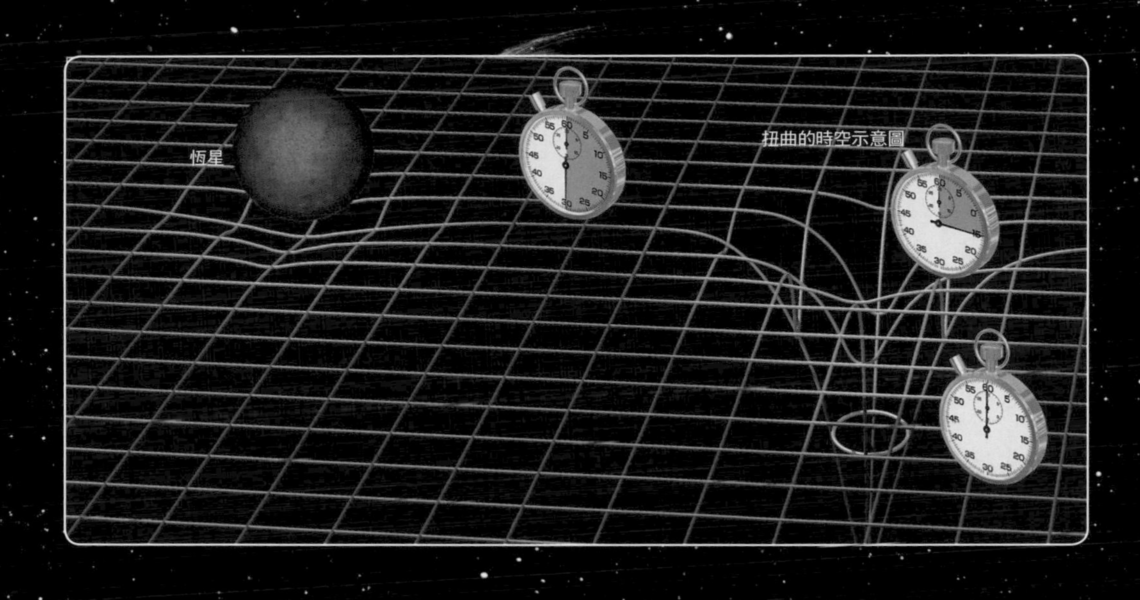

越接近黑洞，時間流逝越慢

廣義相對論提到擁有質量的物體會扭曲周圍空間。而周圍空間的扭曲程度越大，時間的流逝速度越慢。黑洞邊緣（事件視界）的空間扭曲程度極大，使該處的時間幾乎靜止。

但這只是外部觀測者的觀測結果。

COLUMN

時間會停止嗎？

擁有強大重力的黑洞，與周圍的空間有個稱為「事件視界」（event horizon）的交界面。事件視界的內側就是我們所知的黑洞。若有一個時鐘從遠處逐漸接近事件視界，就會看到時鐘的轉動速度漸漸變慢，並在事件視界上停止。

那麼事件視界上的時間是靜止不動的嗎？其實並非如此。只有當我們在遠方觀察時，事件視界上的時間才看起來像靜止不動。對於事件視界上的東西而言，時間的流逝情形與平常一樣。畢竟只有當我們比較兩個以上的地點時間流逝時，才會顯示出兩者差異。

因此，從黑洞外側觀察時鐘（所在的太空船）接近事件視界時，會看到時鐘永遠抵達不了事件視界。時鐘越接近事件視界，太空船前進的速度越緩慢，看起來就像在事件視界前停了下來。不過，這並不表示太空船無法抵達事件視界，太空船內的時間流逝情形與平常一樣。如果從停在事件視界附近的太空船觀察外界情況，則會看到外面的時鐘正在瘋狂轉動。

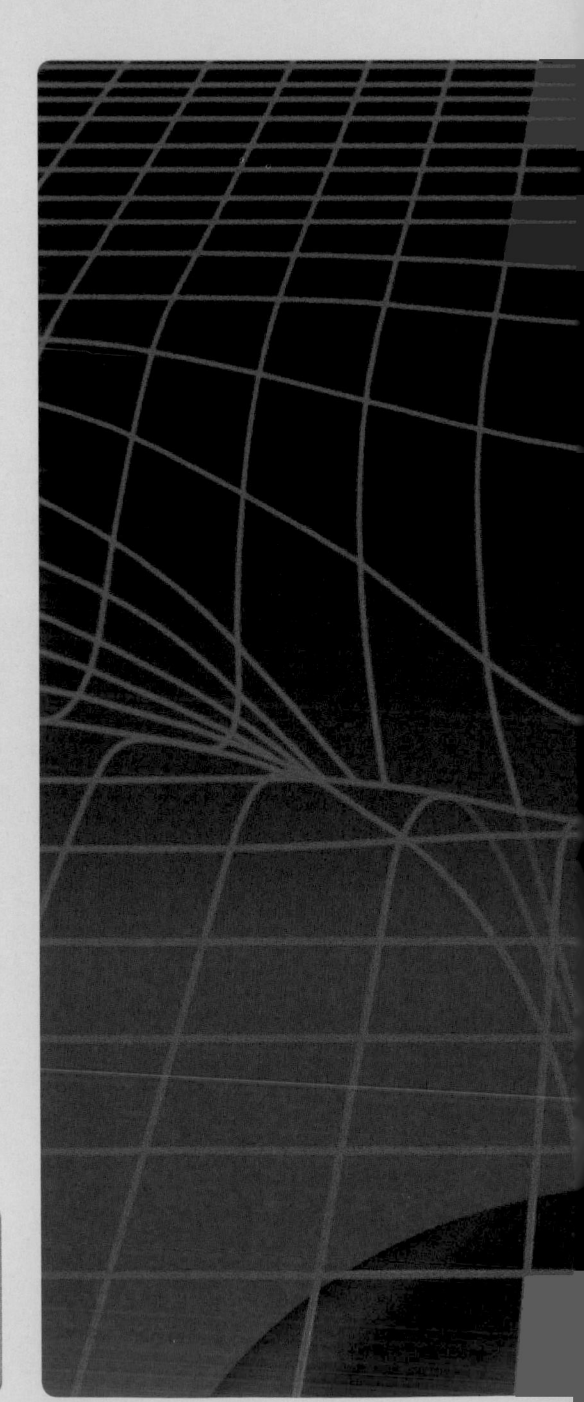

黑洞內有什麼特別的嗎？

黑洞內部的強大重力，會讓包含光在內的所有物體都往黑洞中心點落下，空間中的物體都只能朝著中心移動，也可以說，空間座標會變成時間座標，時間座標則會變成空間座標。

黑洞的時間是靜止的嗎？

位於黑洞事件視界的時鐘看起來像是靜止不動，但對於位於事件視界的人來說，時間的流逝情況仍沒有改變。

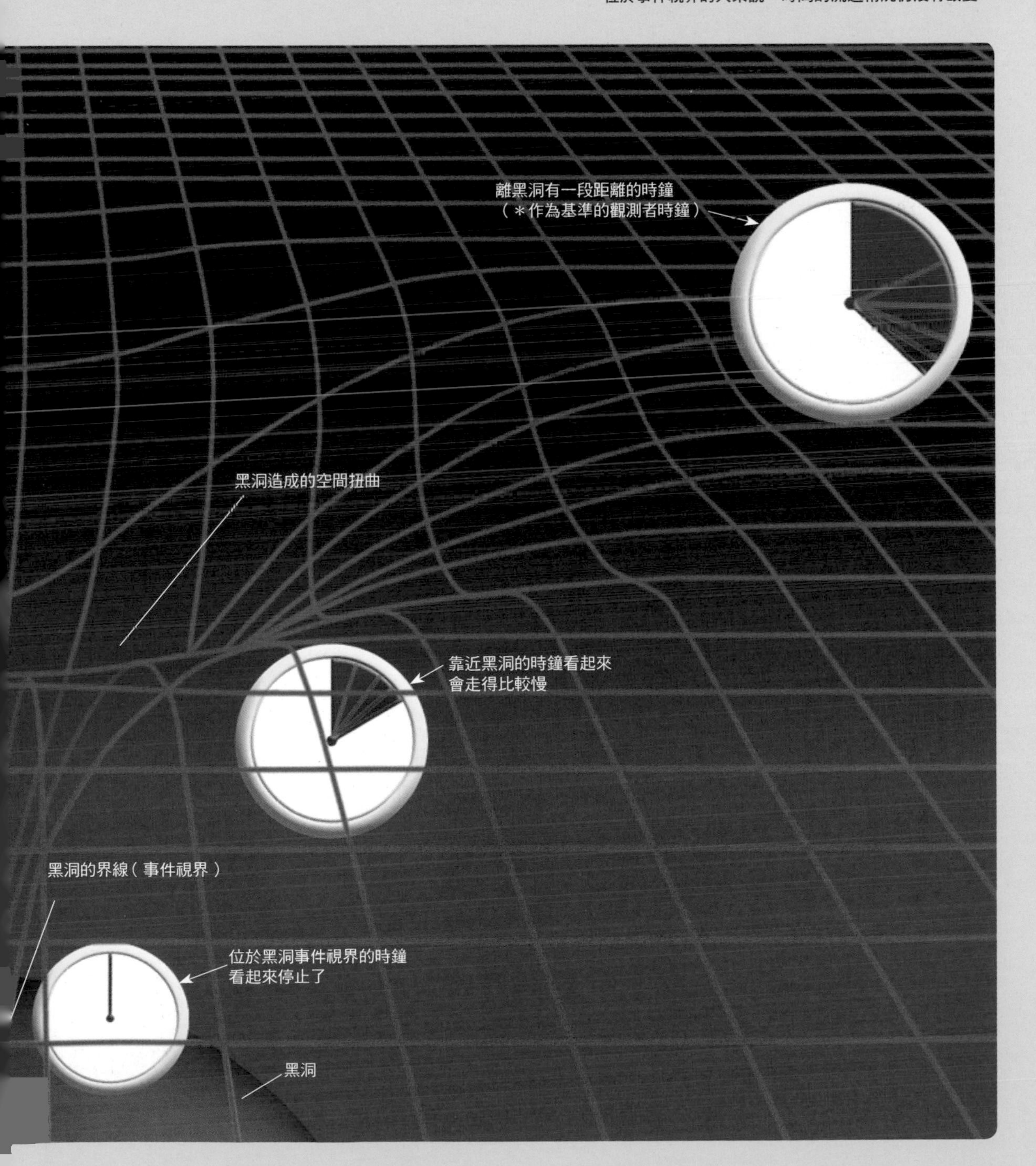

每個人的「同時」都不一樣

狹義相對論也顛覆了人們對於「同時」的概念。假設有部電車以3分之1的光速前進，電車中央有個光源，在光源前後等距離的位置各設有一個光偵測器。當電車移動時，光源往前後同時發射光線，光線會同時抵達位於前後的偵測器嗎？

依照光速不變原理，根據觀測位置的不同，會得到不同的結論。當觀測者位於電車內時，會看到光同時抵達兩個偵測器；當觀測者在電車外時，則會看到光線先抵達後方偵測器，再抵達前方偵測器。

這種因為觀測立場的不同，造成對於「同時」的感覺不一樣，該情況稱為「同時的相對性」（或打破同時性）。

觀測者在電車內時

由光速不變原理可知，即使電車正在移動，在電車內的觀測者眼中，光線仍會以同樣的速度往前、往後前進，因此兩道光線會同時抵達偵測器。

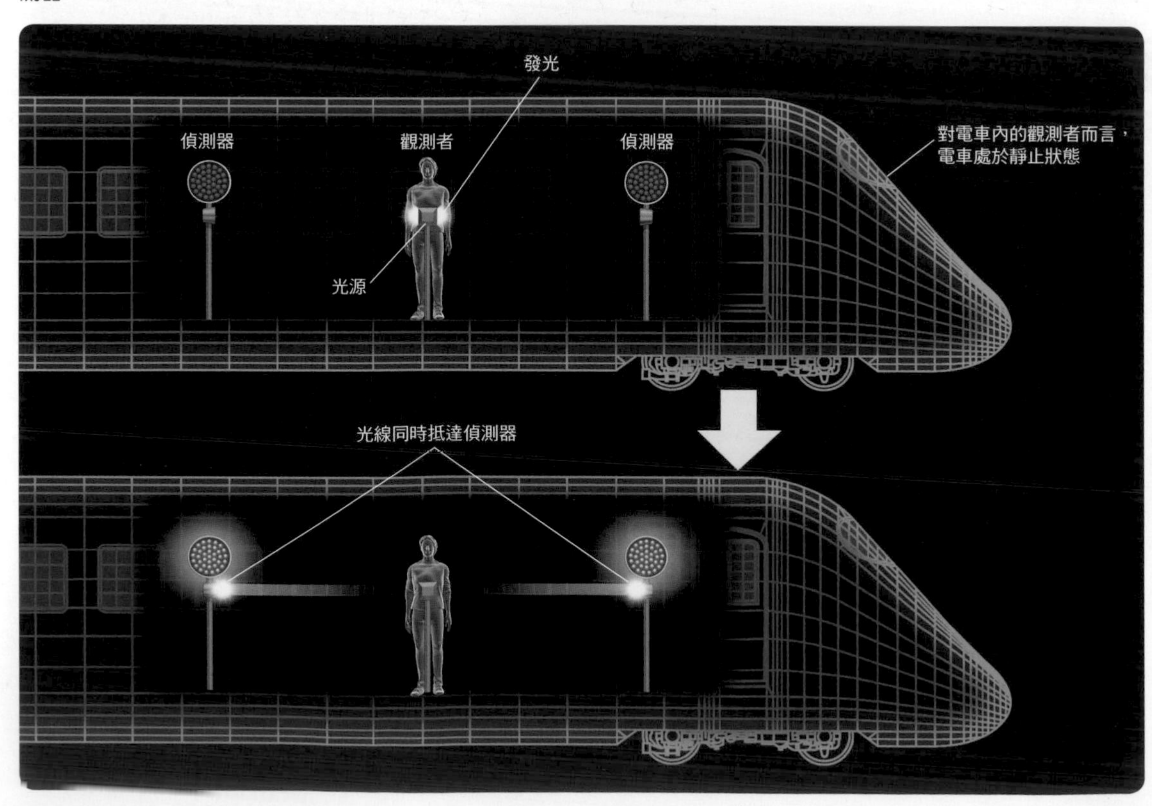

觀測者在電車外時

由光速不變原理可知，光線會以同樣的速度往前與往後前進。不過從電車外部觀測時，偵測器會與電車一起往前方移動，所以往後的光線會先抵達距離持續縮短的後方偵測器，之後往前的光線才會抵達前方偵測器。

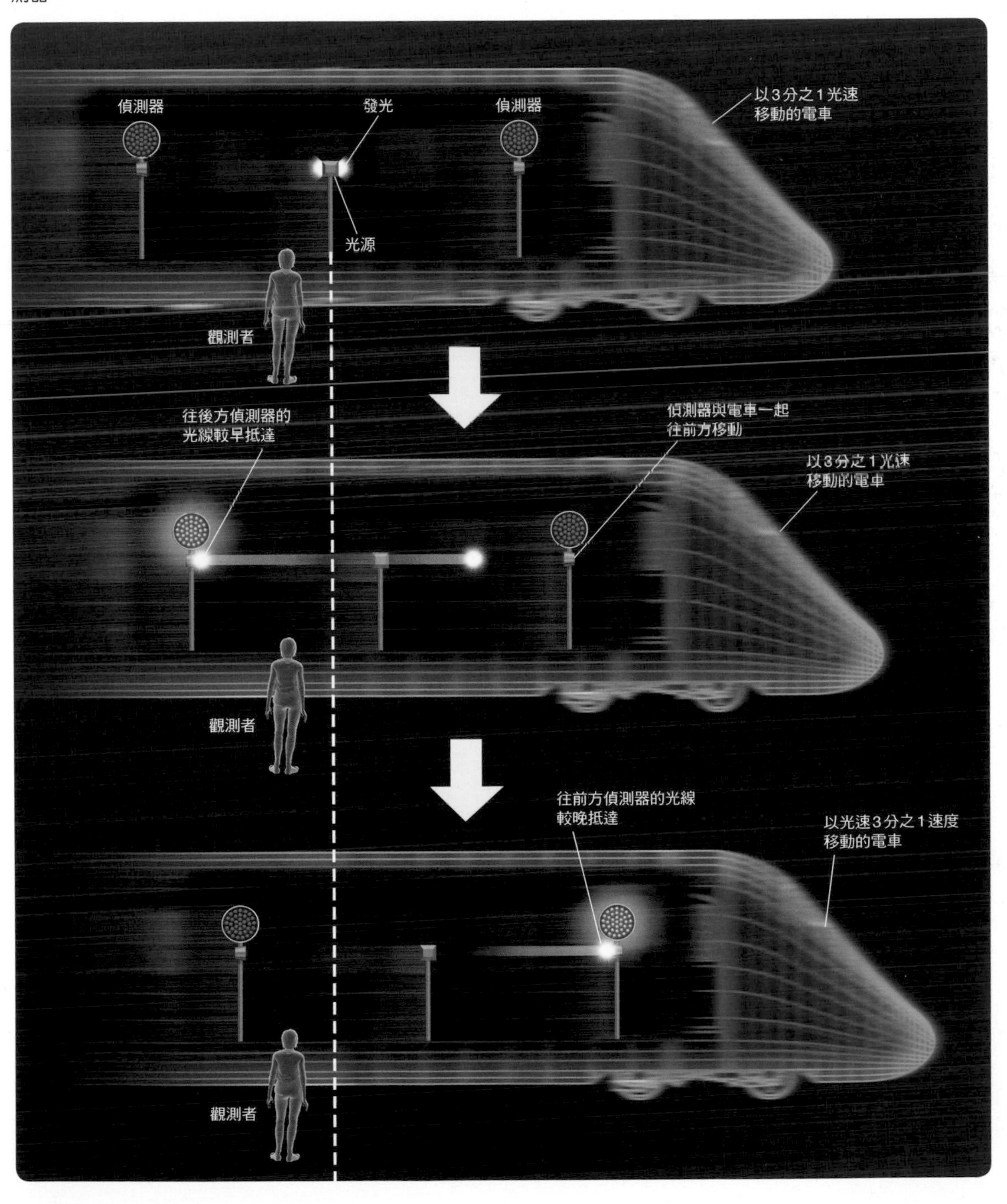

交錯的過去、現在、未來

在前頁「從車廂中心發射光線」的例子中，可以發現現在與未來彼此交錯。

假設在電車外的觀測者眼中，光源發光的瞬間時間為0；光線抵達後方偵測器的瞬間時間為3，並假設光線抵達後方偵測器的瞬間，電車內觀測者的碼表與電車外觀測者的碼表顯示相同的經過時間（時間3）。此時，對於電車外觀察者而言，光線抵達前方偵測器的瞬間是「時間6」，也就是「時間3的未來」。另一方面，對於電車內觀察者而言，光線抵達前方與後方偵測器，都是時間3「現在」正在發生的事。為什麼會出現這樣的矛盾呢？以右方圖例說明。

根據狹義相對論，某人「現在」發生的事，可能是別人的「過去」或「未來」。而「現在這個瞬間」的說法，若沒有說明到底是誰的「現在」，就沒有意義了。

時間與空間交錯的相對論世界

右方的時空圖顯示了電車外觀察者所見電車內的情況，時間順序為由下而上。橫軸與縱軸分別代表電車外觀察者的空間軸與時間軸。

斜線表示電車內觀察者眼中的同一時間點，假設是「現在」。

這條斜線往右上延長所經過的事件，表示電車內觀察者眼中「現在發生於遠處（空間上有一段距離）的事件」。不過，對電車外觀察者而言，往右上走時，則是「發生於未來（時間上有一段距離）的事件」。

也就是說，當觀察立場改變時，「遠處」會轉換成「未來」。所以空間的距離與時間的距離，會隨著觀察立場的改變而跟著「轉換」。因此，狹義相對論將時間與空間視為一體，將兩者合稱為「時空」。

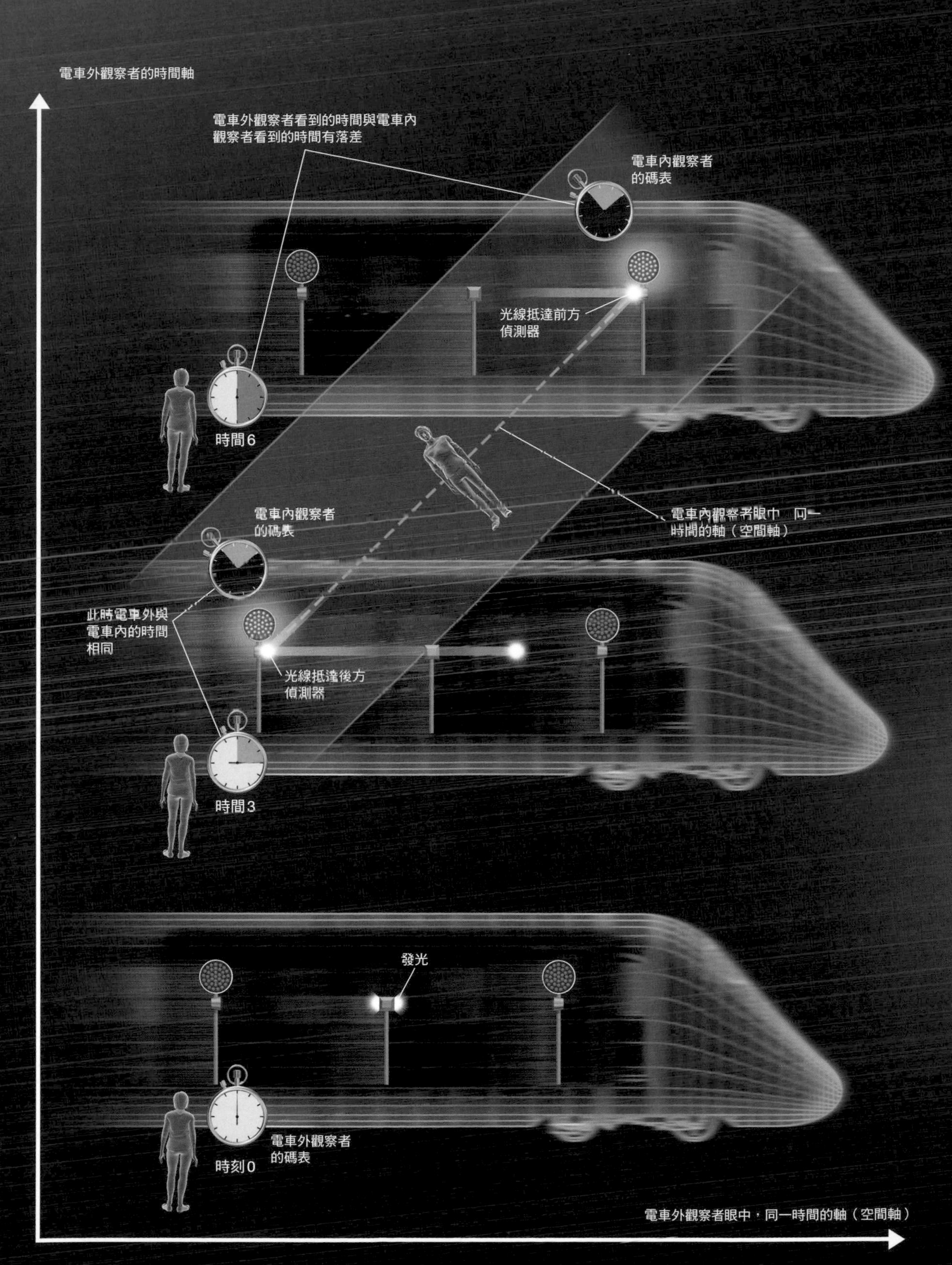
電車外觀察者的時間軸
電車外觀察者看到的時間與電車內
觀察者看到的時間有落差
電車內觀察者
的碼表
光線抵達前方
偵測器
時間6
電車內觀察者眼中，同一
時間的軸（空間軸）
電車內觀察者
的碼表
此時電車外與
電車內的時間
相同
光線抵達後方
偵測器
時間3
發光
電車外觀察者
的碼表
時刻0
電車外觀察者眼中，同一時間的軸（空間軸）

越接近光速，空間收縮程度越大

測量「長度」時，必須「同時」記錄前端與後端的數值。測量一個移動中的物體長度時，若先測量前端位置，再測量後端位置，因為有時間差，後端位置會比較前面，使測量的長度比實際長度短。

不過前頁中也有提到，對於運動狀態不同的人來說，「同時」的意義也不一樣。所以「長度」也會隨著觀察立場的不同而有所改變。

具體而言長度會如何改變呢？

以速度v前進的人，時間的流逝速度會是靜止者的

$$\sqrt{1-\left(\frac{v}{c}\right)^2}\text{倍}$$

其中c為光速。若是以80％光速的速度移動（$v=0.8c$），此倍率為「0.6」。也就是說，此人的時鐘運作速度只有靜止者時鐘的60％。

移動中的人不只時間會變慢，長度（空間）也會縮成原本的

$$\sqrt{1-\left(\frac{v}{c}\right)^2}\text{倍}$$

如同前面所述，以$v=0.8c$的速度移動時，由靜止者的角度看來，移動者會往前進方向縮短成原本的60％。

從外界觀察移動中的物體時，物體會縮短

圖中橫軸為電車外靜止者眼中的空間軸，也代表外界觀察者眼中同一時間點發生的事件。從外界觀察電車內的兩個光偵測器時，兩者間的距離如圖中的長度A。

另一方面，對於身處移動中電車的人而言，中央光源發射的光線會同時抵達兩端的偵測器，所以偵測器間的距離如圖中的長度B。

比較A與B，可以看出A比較短。也就是說，電車外觀察者眼中的電車看起來比較短。另一方面，電車內觀察者眼中的車外世界會高速移動，所以看起來也比較短。

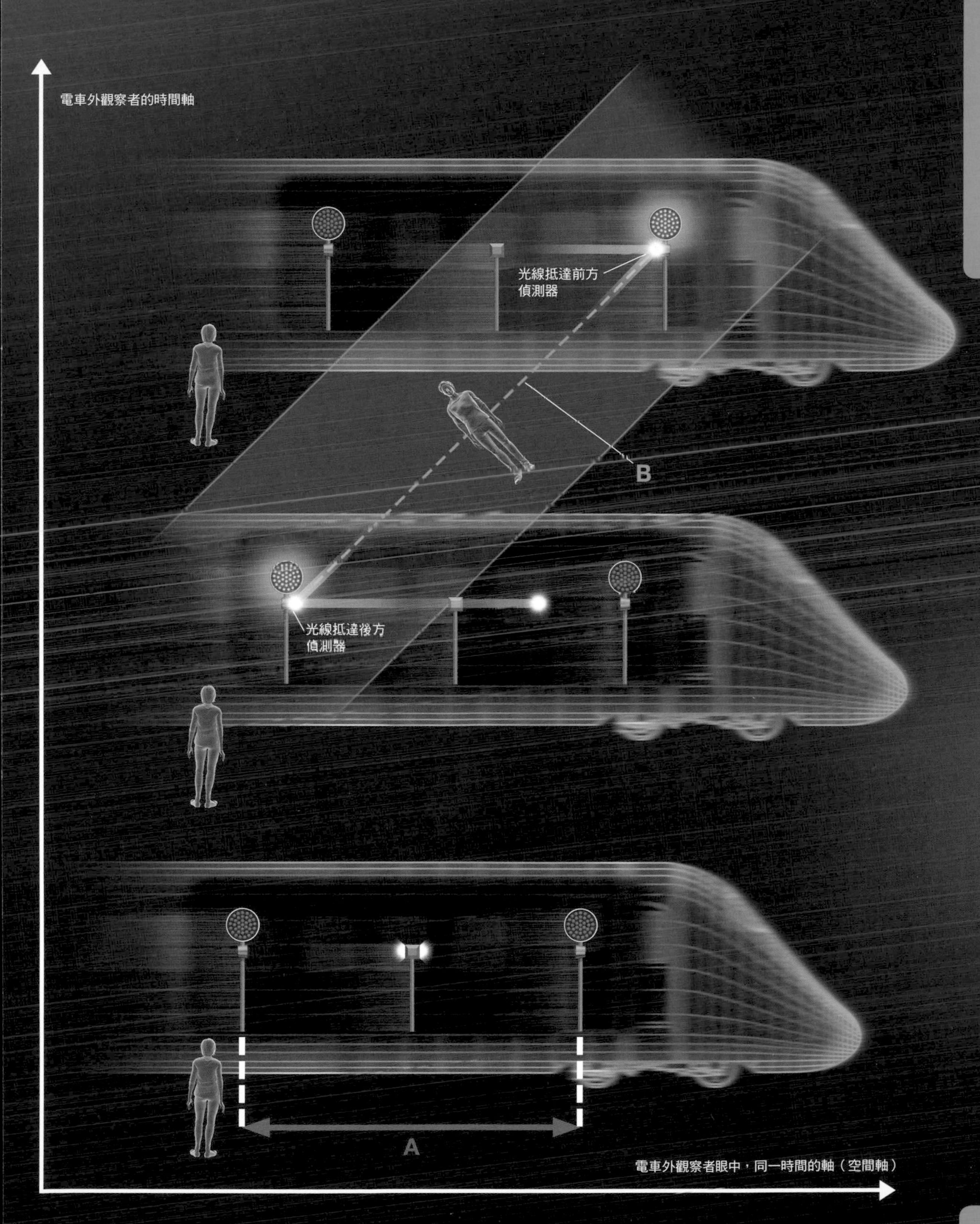
電車外觀察者的時間軸
光線抵達前方
偵測器
B
光線抵達後方
偵測器
A
電車外觀察者眼中，同一時間的軸（空間軸）

衛星上的時鐘走得比地面的時鐘快

搭載GPS的智慧型手機或車用導航，可以透過自身與三個以上的人造衛星之距離，計算出目前的所在位置。

由「距離＝速度×時間」的公式，只要知道衛星發送的無線電波速度，以及電波從衛星到GPS裝置的所需時間，就可以計算出衛星與GPS裝置之間的距離。電波抵達裝置的時間是衛星發訊時間與裝置收訊時間的時間差。而衛星內精準的原子鐘，則可作為測量這段時間差的基準。

不過，人造衛星位於距離地表２萬公里的地方，以每秒４公里的高速繞地球轉。若愛因斯坦所提出「與地表上靜止的時鐘相比，以光速移動的時鐘會走得比較慢，重力較弱處（高度較高）的時鐘會走得比較快」為真，那麼衛星上的原子鐘與地表上的時鐘應該會有差異。依照相對論，衛星上的時鐘每天會比地表時鐘快38.6微秒（１微秒為100萬分之１秒）。

而實際上也的確是這樣，因此為了讓衛星上的原子鐘與地表的時鐘速度一致，必須修正衛星上的時鐘，讓它走慢一點。

GPS的運行原理

GPS基本上由多個繞行地球的人造衛星，與接收衛星訊號的地面接收器構成。由地面接收器與三個以上GPS衛星的相對距離，可以計算出接收器在三維空間中的位置。

GPS衛星

若沒有修正的話

正確的現在位置

1. 衛星與地球的時間出現差異
衛星上的原子鐘每天會快38.6微秒。
在這段期間內電波會前進11公里。

2. 正確的現在位置
受到1的影響，由接收器與三個衛星間的相對距離所計算出的現在位置會出現偏差。1天最多會產生11公里的位置偏差。

車用導航系統的現在位置

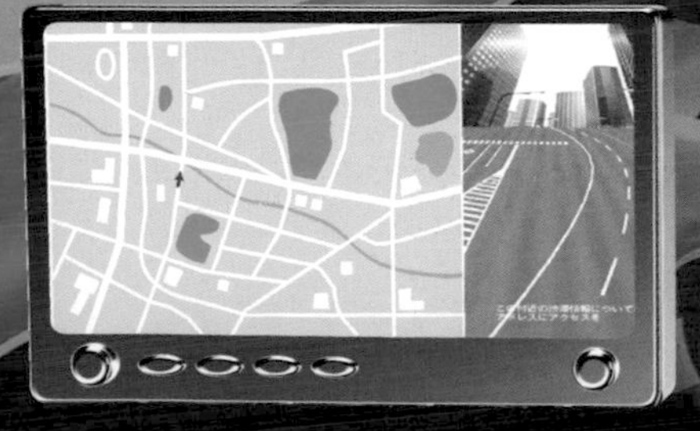

車用導航系統

繞世界一圈後時間會延遲

時值1971年，美國的哈菲爾（Joseph Hafele，1933～2014）與基廷（Richard Keating，1941～2006）做了一個實驗，他們各將一部原子鐘放置在不同的噴射機上，並分別往東與往西繞地球一圈。從地球外面來看，地球自轉是由西往東，所以往東飛行的噴射機速度會比往西飛行的噴射機快。由狹義相對論可知，兩者的速度差異會造成兩部原子鐘的時間出現落差。

實驗結果顯示，往東飛行的原子鐘，比往西飛行的原子鐘慢了一些。也就是說，如果搭乘往東飛行的班機，每繞一圈地球，年紀就會比別人少0.3微秒（1微秒等於100萬分之1秒）。

速度越快時間越慢

根據狹義相對論，運動中物體的時間會過得比較慢，也就是說速度越快則時間過得越慢。

在1971年泛美航空繞行世界一圈的實驗中，往東飛行的原子鐘，比往西飛行的原子鐘慢了約0.3微秒，這與相對論計算出來的數值幾乎相同。

插圖中比較了三個搭載時鐘的物體時間流逝情況。為了方便理解，這裡以虛構的時鐘來表現，即用光計時的「光鐘」。光鐘的底部到頂端長為30萬公里，從底部發射的光需要「1秒」才會抵達頂部。

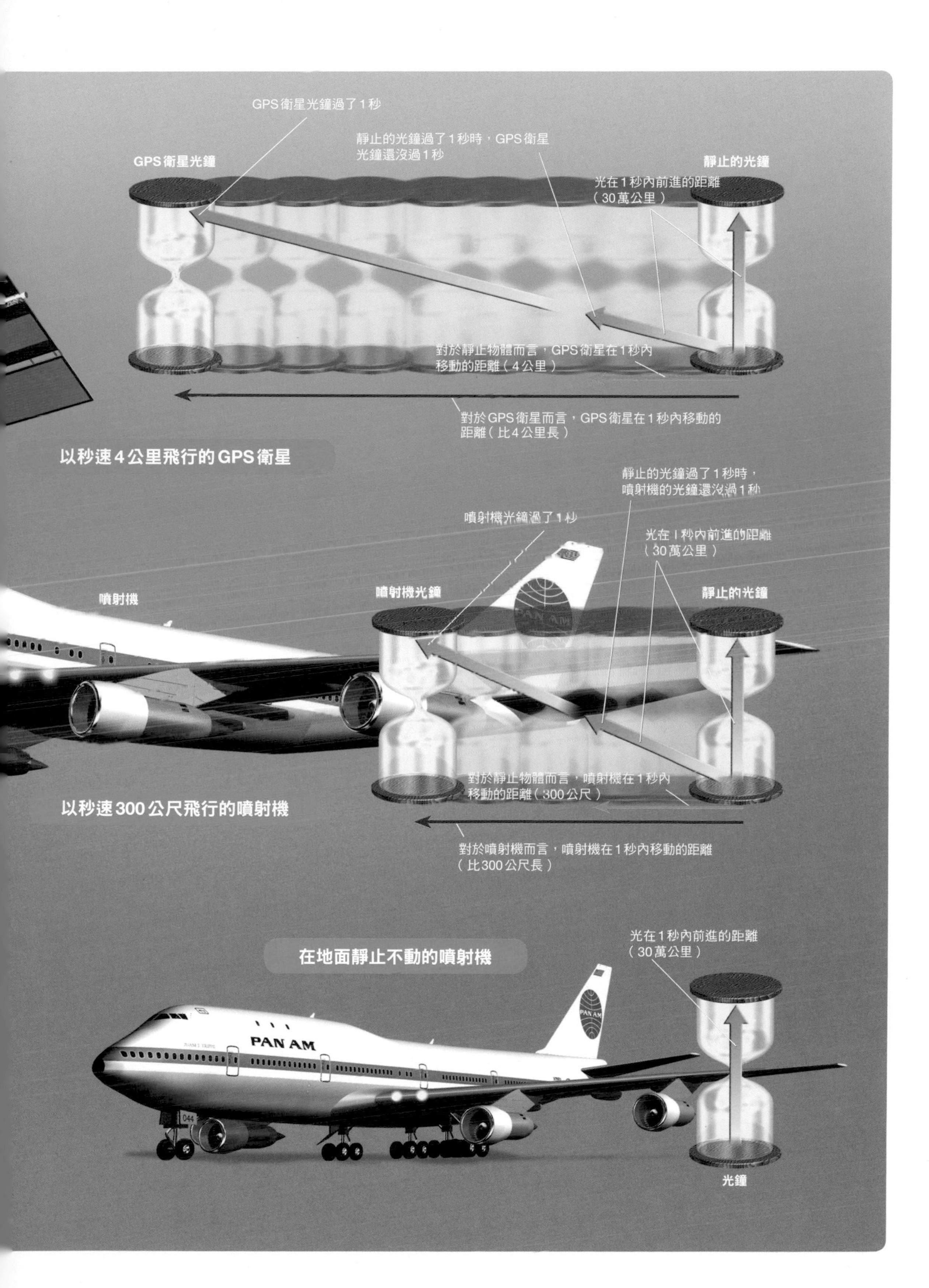
GPS衛星光鐘過了1秒
靜止的光鐘過了1秒時，GPS衛星光鐘還沒過1秒
GPS衛星光鐘
靜止的光鐘
光在1秒內前進的距離（30萬公里）
對於靜止物體而言，GPS衛星在1秒內移動的距離（4公里）
對於GPS衛星而言，GPS衛星在1秒內移動的距離（比4公里長）
以秒速4公里飛行的GPS衛星
靜止的光鐘過了1秒時，噴射機的光鐘還沒過1秒
噴射機光鐘過了1秒
光在1秒內前進的距離（30萬公里）
噴射機
噴射機光鐘
靜止的光鐘
對於靜止物體而言，噴射機在1秒內移動的距離（300公尺）
以秒速300公尺飛行的噴射機
對於噴射機而言，噴射機在1秒內移動的距離（比300公尺長）
光在1秒內前進的距離（30萬公里）
在地面靜止不動的噴射機
PAN AM
光鐘

為什麼重力會讓時間變慢？

「等效原理」(principle of equivalence)是廣義相對論的基礎。想像一個無重力空間的箱子中有一個人飄浮其中。若這個箱子受到某個來自外界的固定力量，使箱子朝某方向進行加速度運動（速度逐漸增加的運動）。此時，箱子內的人就會感受到重力。而等效原理認為「我們無法區別重力與加速度運動造成的物理受力」。

這個概念可以說明為什麼重力會讓時間變慢。由狹義相對論可知，運動會讓時間變慢，這點同樣也適用於加速度。因此由等效原理可知，進行加速度運動的狀態與受重力影響的狀態相同，所以時間會變慢。

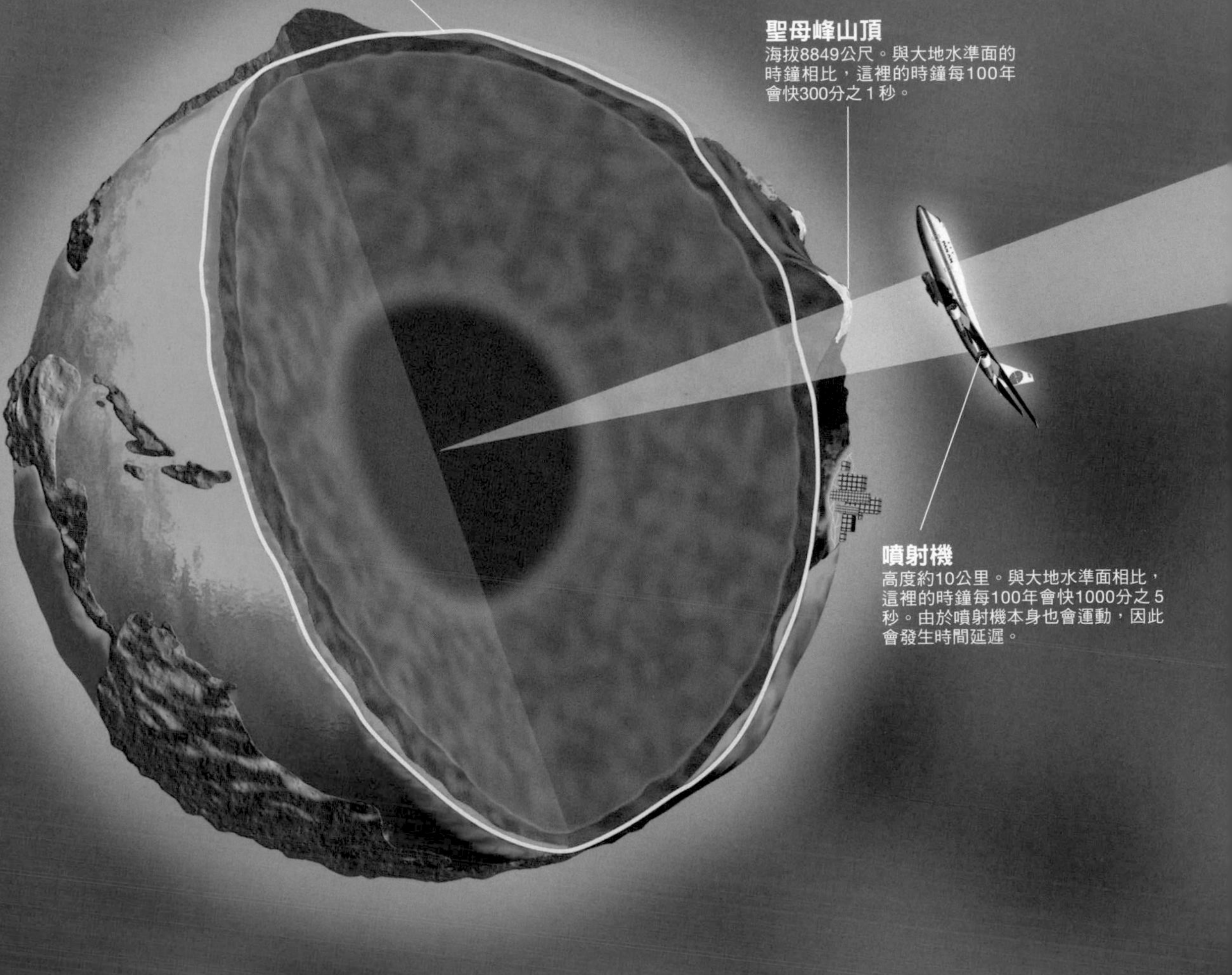

大地水準面
黃線標示了海拔0公尺的面（大地水準面）。
這個面上的時間為世界標準時間（UTC）。

聖母峰山頂
海拔8849公尺。與大地水準面的時鐘相比，這裡的時鐘每100年會快300分之1秒。

噴射機
高度約10公里。與大地水準面相比，這裡的時鐘每100年會快1000分之5秒。由於噴射機本身也會運動，因此會發生時間延遲。

地球的重力也會讓時間延遲

假設一個時鐘從距離地球很遠的地方慢慢靠近地球，由於來自地球的重力越來越大，所以時鐘會逐漸變慢。若以地表的時鐘為基準，海拔（高度）越高的時鐘走得越快。

GPS衛星
高度約2萬公里。衛星上的時鐘每1天會比大地水準面上的時鐘快45.7微秒。與噴射機類似，衛星本身也會運動，所以會發生時間延遲。

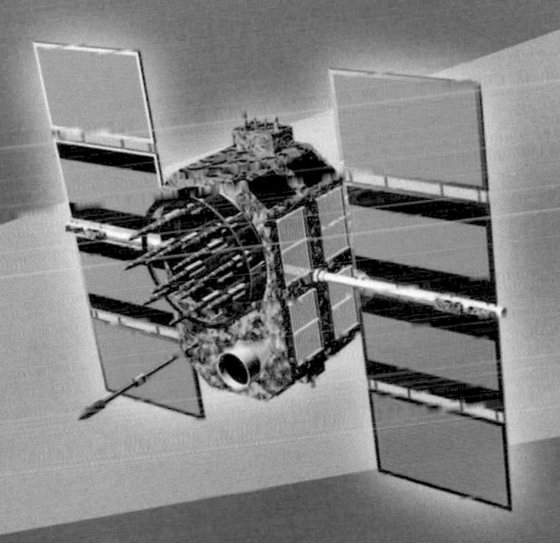

等效原理示意圖

太空旅行會讓人老得比較慢嗎？

地球上有一對雙胞胎，哥哥決定要前往距離地球6光年的巴納德星旅行。假設哥哥搭乘的火箭性能非常好，可以做到瞬間加速、減速。

對留在地球的弟弟而言，哥哥搭乘的火箭高速遠離而去，又高速回到地球。根據前頁提及，在高速運動下，時間會走得比較慢，所以當弟弟與回到地球的哥哥再次相會時，弟弟會變得比哥哥老。

不過對於哥哥而言，高速移動的是地球，所以弟弟的時間會過得比較慢，也就是說弟弟會比較慢老。再次見面時，哥哥應該還是比弟弟老，與弟弟的立場剛好相反。這就是知名的「孿生子悖論」，究竟哪一邊才是正確的呢？

試著思考孿生子悖論

假設火箭的速度為每秒18萬公里（光速的60%）。地球與巴納德星的距離為6光年，來回是12光年，所以火箭來回一趟需要20年。

從弟弟的立場來看，根據相對論，火箭內的時間會慢20%。也就是說，火箭內的時間只有經過20年×0.8=16年而已。因此，弟弟應該會與比自己年輕4歲的哥哥再會。

那麼從哥哥的立場來看又會如何呢？答案在下一頁。

在地球的弟弟

哥哥搭乘的火箭

搭乘火箭的哥哥

互相寄送影像會如何呢？

孿生子悖論的正確結論為「地球上的弟弟老化速度會比搭乘火箭的哥哥快」，因此地球上弟弟的看法正確。

之所以會出現這樣的矛盾，是因為一般情況下會認為「哥哥和弟弟的立場彼此對等」，所以產生「哥哥的解釋也正確」的錯覺。不過弟弟一直待在靜止的地球上，哥哥在折返的時候一定會經歷加速度運動，所以兩者並非對等。

假設彼此互相寄送影像

當火箭回到地球後，哥哥覺得過了16年，弟弟覺得過了20年。假設在哥哥的旅途中，兄弟分別拍下自己影像，再透過無線電波傳送給對方，又會怎麼樣呢？

哥哥遠離地球時傳送的光訊號

假設哥哥以光速的60%遠離地球後，哥哥

哥哥傳送影像給弟弟的情形

哥哥花費8年前往巴納德星，此時弟弟會在16年內收到哥哥這8年份的影像。接著火箭從巴納德星折返，再花費8年回到地球，此時弟弟會在4年內收到哥哥這8年份的影像。所以說，哥哥來回花費的16年，相當於弟弟的20年。

每經過２年，就會傳送一次光訊號給在地球的弟弟。哥哥火箭上時鐘走的速度是弟弟的0.8倍，所以哥哥的２年相當於弟弟的2.5年（相對論的時間延遲）。

在這2.5年間，火箭可前進1.5光年，所以在火箭遠離地球時，每個光訊號需要前進的距離，會比前一個光訊號長1.5光年，光訊號的傳播時間也會多1.5年（光的都卜勒效應）。

哥哥每隔２年就傳送一次的訊號，對接收訊號的弟弟來說，兩次訊號的間隔需再加上相對論造成的時間延遲，以及光的都卜勒效應，等於2＋0.5＋1.5＝4年。從哥哥的角度來看，正在遠離他的弟弟傳送影像給他時，也是一樣的狀況。

哥哥接近地球時傳送的光訊號

假設以光速的60％接近地球的哥哥，也同樣每隔２年就傳送一次光訊號給弟弟。此時，每個光訊號需要前進的距離會比前一個光訊號短1.5光年。

哥哥每隔２年就傳送一次的訊號，對弟弟來說，兩次訊號的間隔必須加上相對論造成的延遲，再減去光的都卜勒效應，最後等於2＋0.5－1.5＝１年。也就是說，弟弟會在１年內收到哥哥２年份的影像。從哥哥的角度來看，正在接近他的弟弟傳送影像給他時，也是一樣的狀況。

弟弟傳送影像給哥哥的情形

哥哥花費８年前往巴納德星，會收到弟弟４年份的影像。哥哥從巴納德星折返回地球的８年間，會收到弟弟16年份的影像。因此，哥哥來回花費的16年，相當於弟弟的20年，與哥哥傳送影像給弟弟的情況並無矛盾。

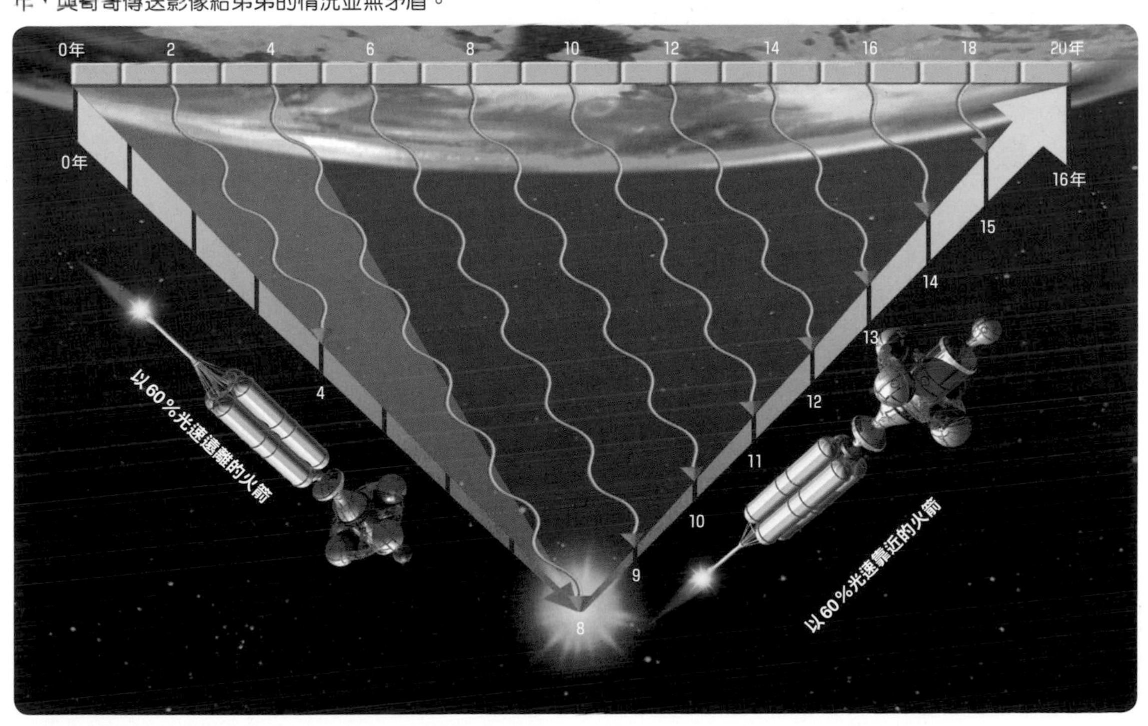

利用等效原理思考

前頁介紹的解法中，包含了「以60%光速前進的火箭在瞬間逆向折返」這個不可能實現的假設。這裡讓我們將火箭的加速過程考慮進去，從比較實際的角度思考這個問題。

火箭會在地球上啟動引擎，以一定的加速度飛向巴納德星（假設這段期間為期間A）。到了地球與巴納德星的中間點（距離地球3光年）時，將引擎改為逆向噴射，使火箭在抵達巴納德星前持續減速（期間B）。到了巴納德星時速度為0並開始折返，再經過相同的加速（期間C）與減速（期間D）過程後回到地球。這種情況下，弟弟仍會老得比哥哥快。

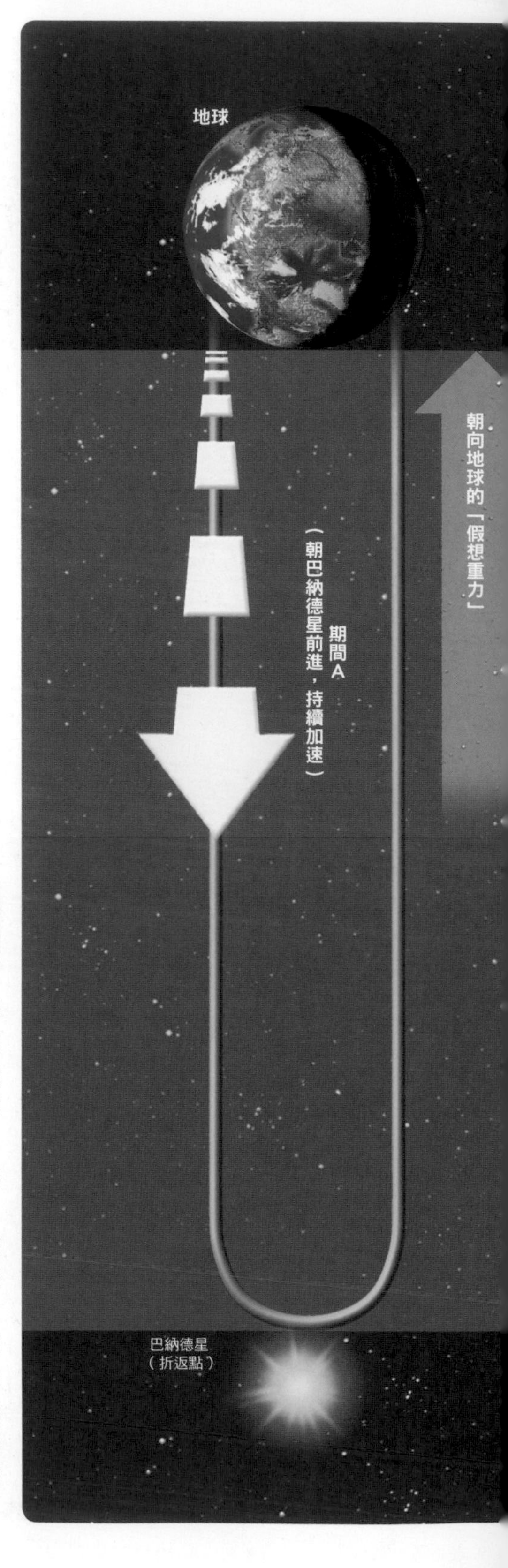

加速運動產生的假想重力

由等效原理可知，期間A的火箭加速運動會產生一個朝向地球的「假想重力」。若將重力的方向視為「下方」，與身在地球的弟弟相比，哥哥「受到的重力較強」。也就是說，在期間A之中，哥哥的時鐘走得比弟弟的時鐘慢，所以哥哥老得比較慢。

到了期間B，重力方向反了過來，朝向巴納德星。此時弟弟的時鐘會走得比哥哥快，所以弟弟老得比較快。

期間C與期間B相同，產生了朝向巴納德星的重力，同樣也是哥哥受到的重力較大而時間延遲，因此弟弟老得比較快。期間D則是哥哥老得比較快。

不過哥哥與弟弟之間的重力差，也就是兄弟間的距離，在期間A、D比較小，在期間B、C比較大。因為「有重力作用時，受到的重力較弱者，時間會走得比較快」，所以「期間B、C中，弟弟變老的速度」會比「期間A、D中，哥哥變老的速度」還要快。也就是說，整體而言弟弟變老的速度會比哥哥變老的速度還要快。

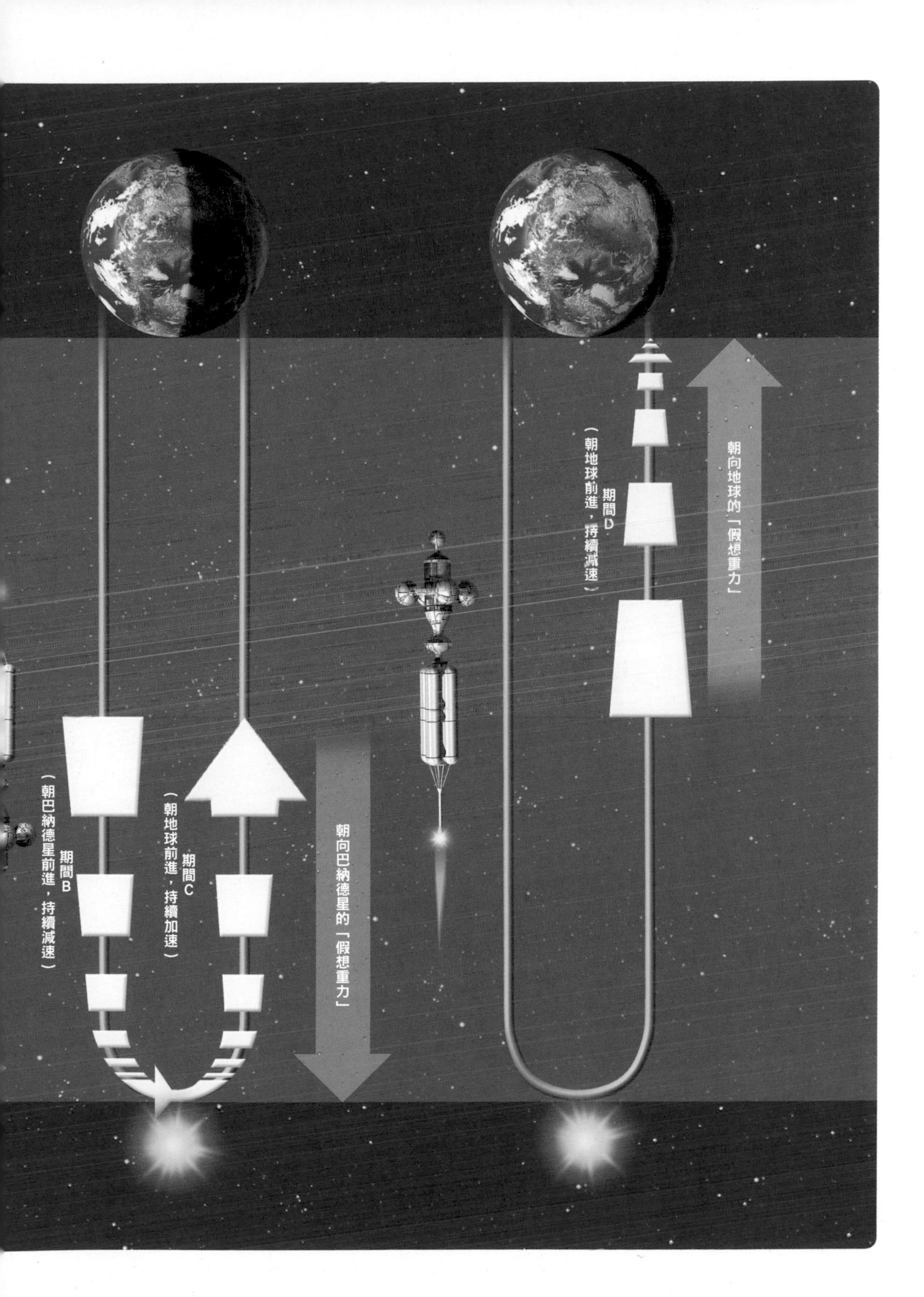
朝向地球的「假想重力」
期間D
（朝地球前進，持續減速）
朝向巴納德星的「假想重力」
期間C
（朝地球前進，持續加速）
期間B
（朝巴納德星前進，持續減速）

火星探測器捕捉到的時間延遲

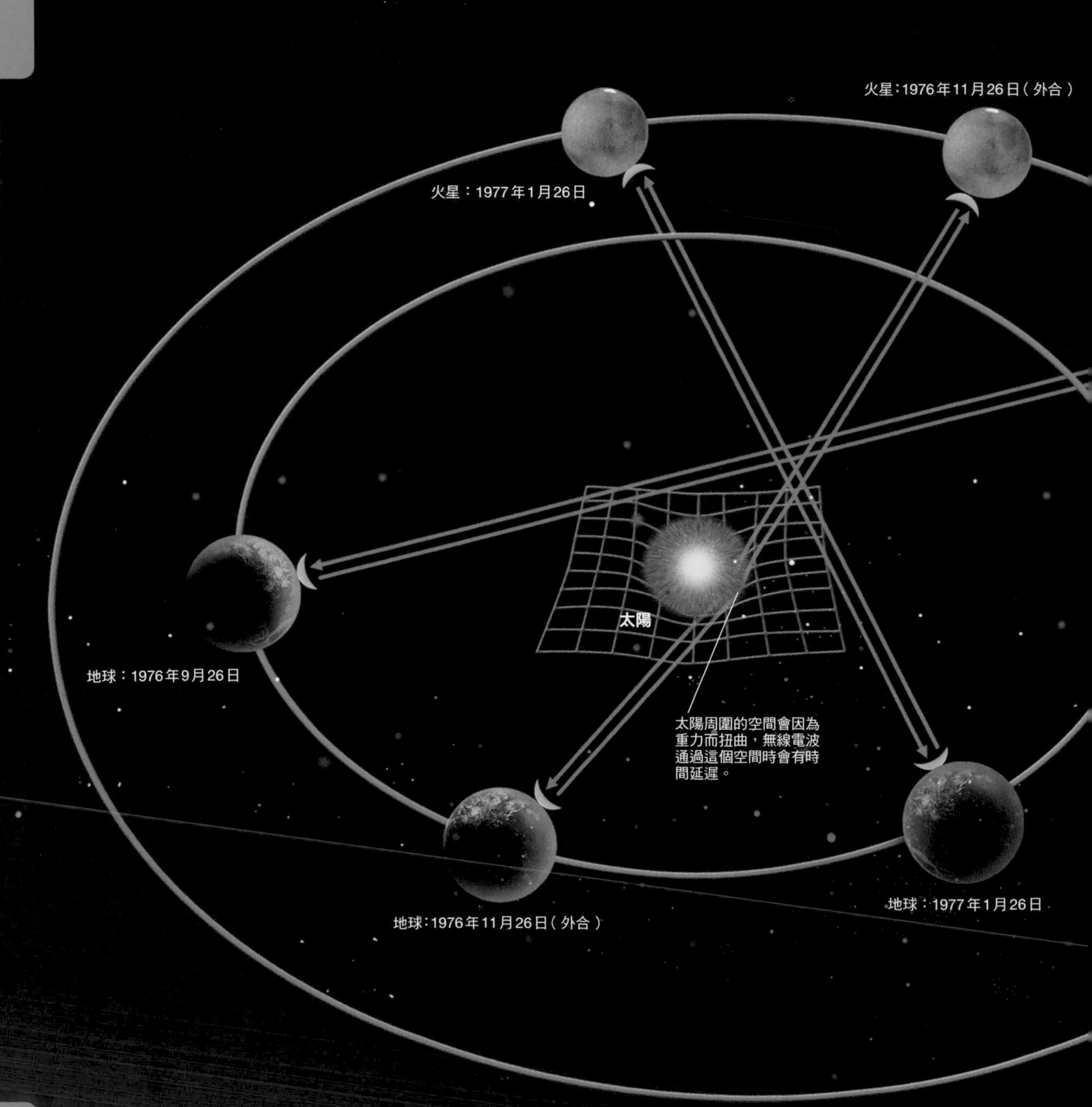

美國國家航空暨太空總署（NASA）的火星探測器維京號（Viking）於1976年抵達火星，肩負驗證廣義相對論的任務。位於火星地表的維京號，會在數個月間持續以雷達與地球通訊。這段期間內包含了預計會發生外合（兩個行星夾著太陽，三者排成一直線）的11月26日。由於太陽的重力可能會造成時間延遲，而科學家想知道在發生外合時，通訊是否會如期出現延遲。

結果發現，當地球與火星的連線越靠近太陽時，維京號與地球雷達通訊的延遲越明顯，在外合時的延遲最為嚴重，達到250微秒（每次雷達來回通訊）。此數值十分接近廣義相對論所預言的數值，誤差只有0.1%。

火星探測器維京號的「另一個任務」

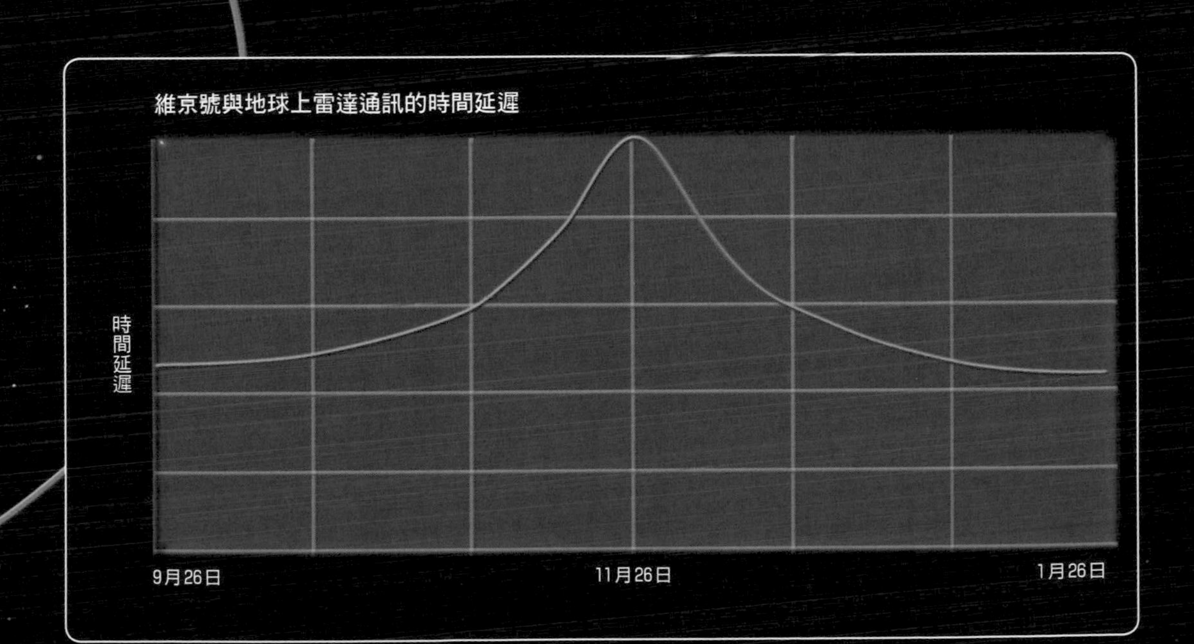

COLUMN

時間有最小單位嗎？

在一般人的印象中，時間是連續不斷地流逝，可以無限分割成極小的片段。不過，就像將物質一直分割下去後最終會得到原子，也有某些理論認為時間存在無法繼續被分割的「最小單位」。

為什麼會出現「時間有最小單位」的想法呢？事實上，「最小時間單位」正是科學家們想連結廣義相對論與量子論（quantum mechanics，量子力學）兩大物理學理論時所誕生的概念。

廣義相對論中將時間與空間視為一體化的時空。恆星等物體會扭曲周圍的時空，造成周圍的時間或空間伸長或縮短。廣義相對論也說明了時空扭曲正是重力的本質。

大型的時空扭曲必須有超強的重力，僅見於恆星、星系等規模非常大的物體周圍。所以，廣義相對論是用於說明宇宙尺度物理法則的理論。

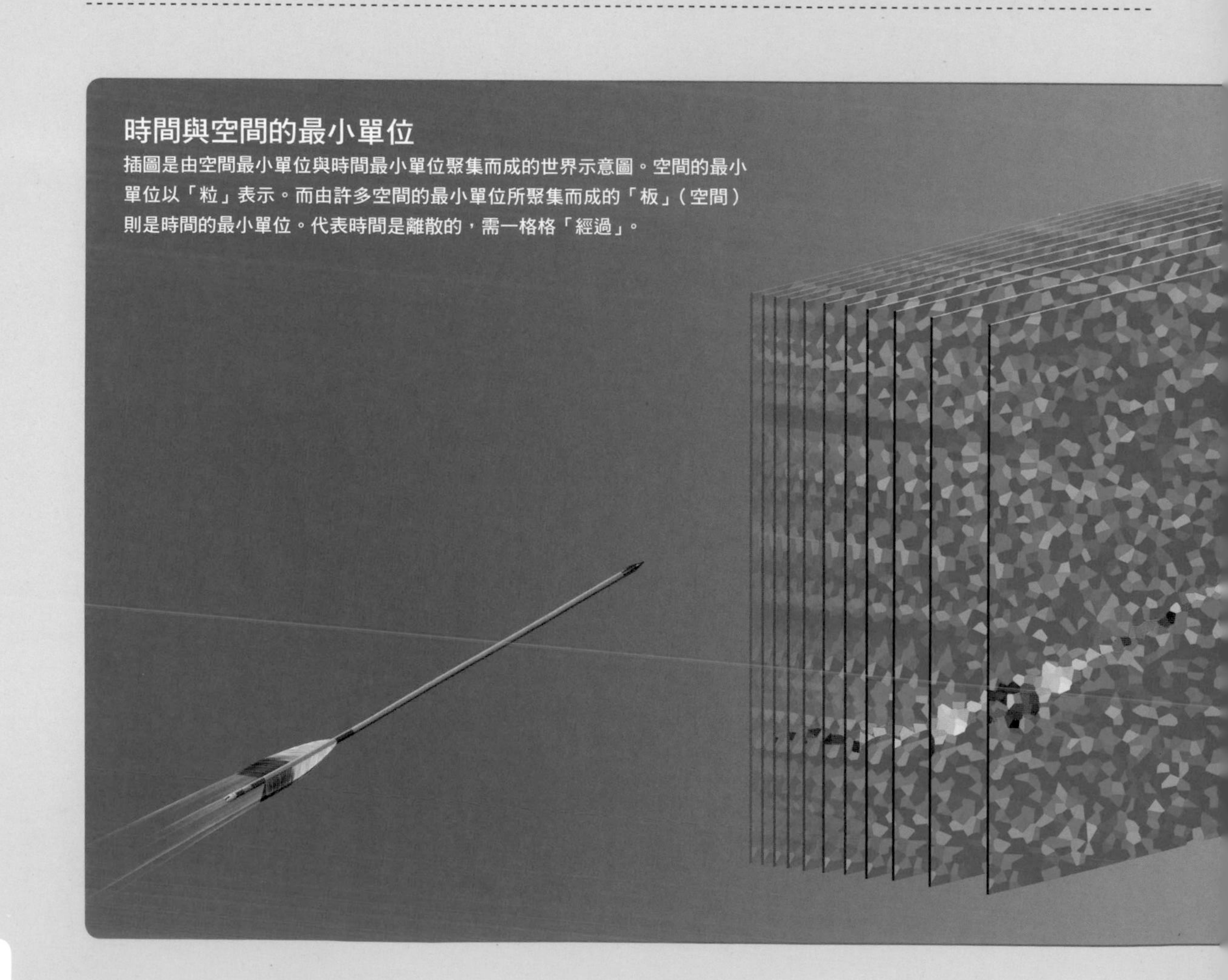

時間與空間的最小單位

插圖是由空間最小單位與時間最小單位聚集而成的世界示意圖。空間的最小單位以「粒」表示。而由許多空間的最小單位所聚集而成的「板」（空間）則是時間的最小單位。代表時間是離散的，需一格格「經過」。

另一方面，量子論則是說明原子等微小尺度之物理法則的理論，例如電子等次原子粒子同時擁有粒子與波的性質，或是繞著原子核轉的電子所擁有的能量，以及相關物理量等都是離散數值等。在極微小的世界中，重力效應非常小，所以量子論不會考慮到重力。廣義相對論與量子論可分別準確地說明不同尺度下的物理現象。

兩理論融合後誕生的概念

不過在某些情況下，必須同時考慮廣義相對論與量子力學兩者的性質，例如黑洞的時空奇異點（singularity，非常大的質量集中在非常小的空間中），或是剛誕生比原子還要小的宇宙等。為了理解這些情況下的物理現象，就必須同時考慮兩個理論。但如果只是單純結合這兩個理論並無法解決問題，必須創造出一個能夠融合兩者的新理論，「迴圈量子重力論」(loop quantum gravity）就是其中之一。

由於迴圈量子重力論融合了用於描述時間與空間的廣義相對論，以及描述多種物理量皆為離散值的量子論，因此認為時間（與空間）也是擁有最小單位的離散值（下圖）。不過該理論目前還在發展中，尚且還不確定時間或空間是否真的具有最小值。

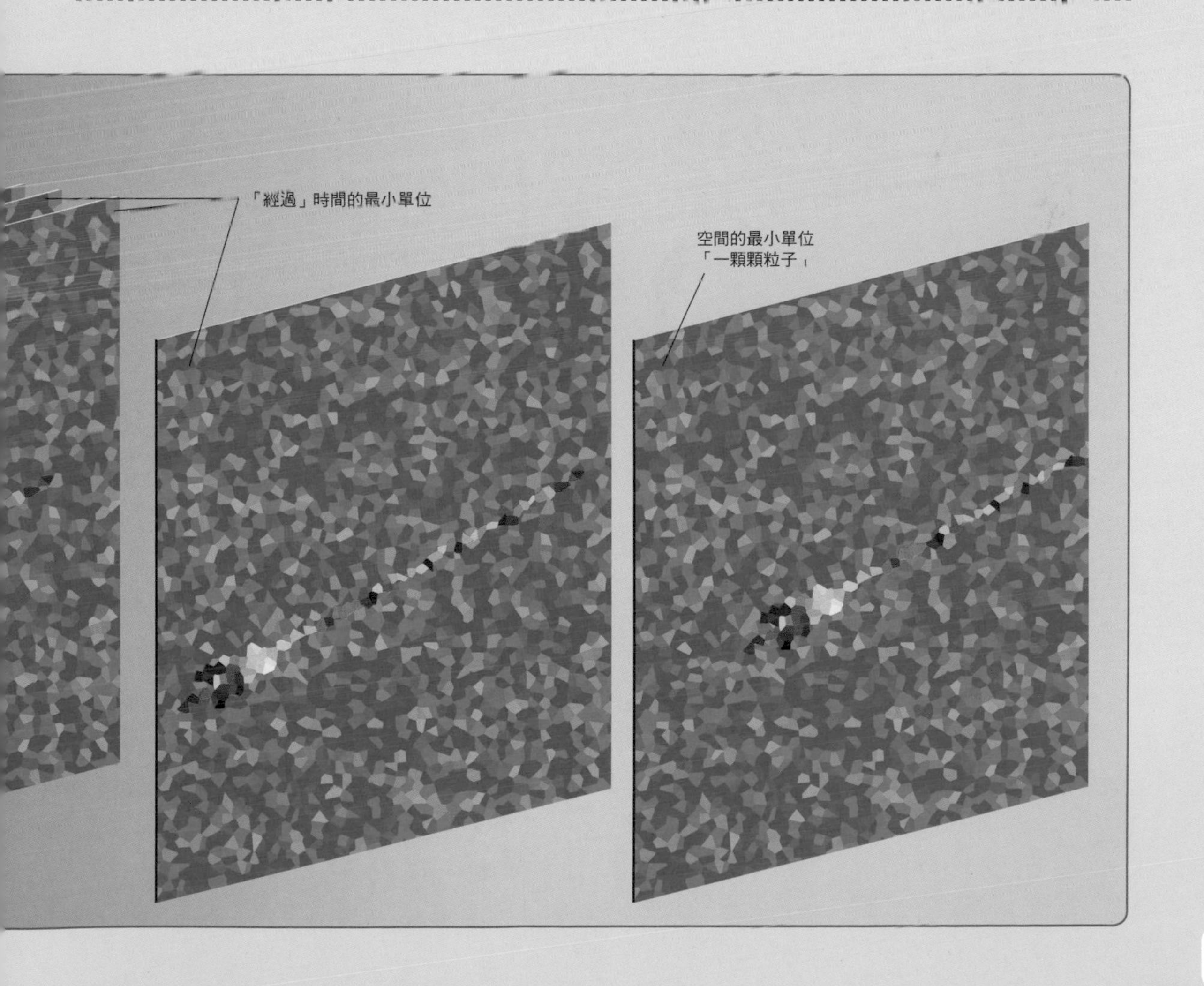

驗證時間的「最小單位」

在迴圈量子重力論中，說明了不管時間或空間，都存在無法分割的最小單位。空間的最小單位為「普朗克長度」（10^{-35}公尺）的3次方，稱之為「普朗克體積」；而時間的最小單位為「普朗克時間」（約10^{-43}秒）。

不過，如果普朗克時間真的存在，則會與狹義相對論產生矛盾。

如果時間具有「最小單位」，此單位應該要適用於所有人與地點。另一方面，根據狹義相對論，當觀察者改變時，對於時間間隔的認知也會跟著改變。也就是說，如果認同時間具有最小單位，則相當於承認絕對時間的存在，進而否定狹義相對論。

有個方法可以解決這個矛盾。就像所有觀

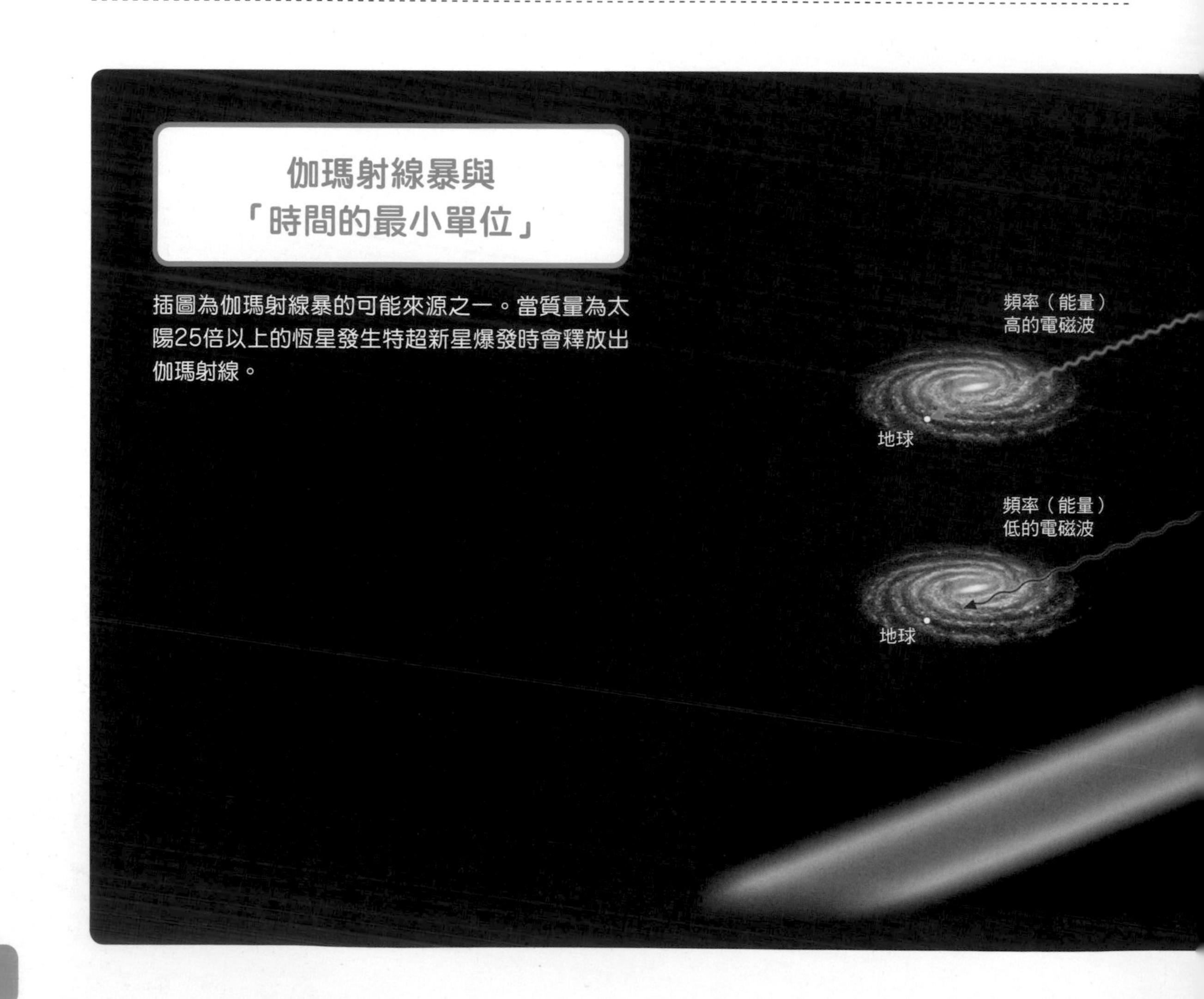

伽瑪射線暴與「時間的最小單位」

插圖為伽瑪射線暴的可能來源之一。當質量為太陽25倍以上的恆星發生特超新星爆發時會釋放出伽瑪射線。

測者都認同光速是絕對單位，世界上或許也存在某個能讓所有觀測者都認同的時間單位。這是將狹義相對論的想法推廣到速度與（電磁波等的）頻率皆可能有絕對基準的理論，稱為「雙重狹義相對論」（doubly-special relativity）。

驗證雙重狹義相對論

美國理論物理學家斯莫林（Lee Smolin，1955～）博士認為，若是觀測伽瑪射線暴（gamma-ray burst，GRB）或許能驗證雙重狹義相對論。

伽瑪射線暴是來自數十億光年遠處的高能伽瑪射線（電磁波的一種）大量射向地球的現象。伽瑪射線的來源仍是個謎，不過已知數種可能，例如比太陽大很多的恆星（約25倍以上的太陽質量）在死亡時產生的「特超新星（hypernova）爆發」現象。

斯莫林博士認為，如果時間具有最小單位，當電磁波頻率的不同時，速度可能也不一樣（雙重狹義相對論）。雖然這個變化相當小，但若觀察來自數十億光年遠的「伽瑪射線暴」，或許能偵測出此變化。

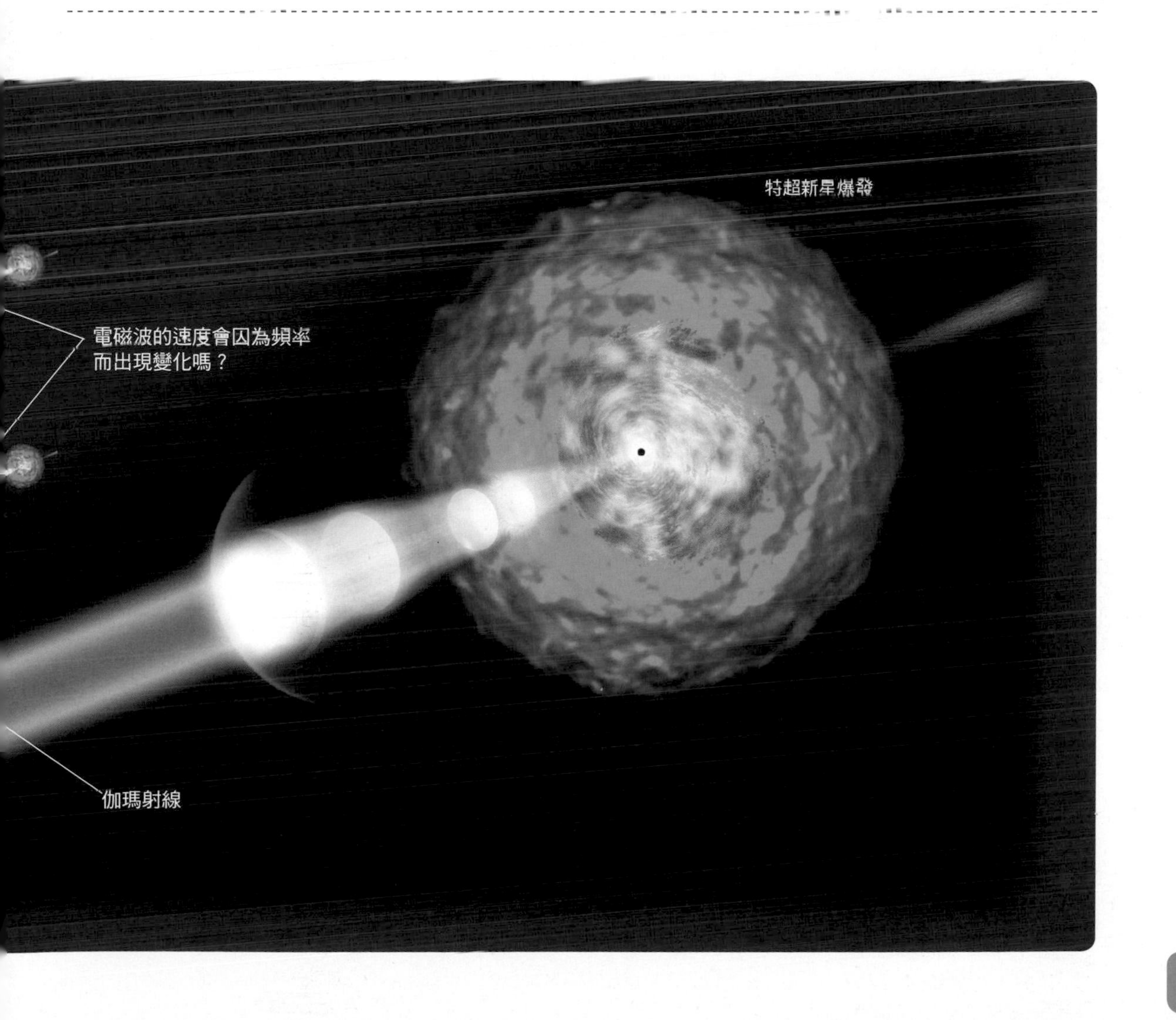

各種不同面向的時間

前面說明了什麼是時間，但讀者可能還是覺得很難回答「時間是什麼？」。現代物理學並沒有明確定義什麼是「時間」。不過，如果把焦點放在時間的特徵上，或許就能稍微看出時間的輪廓。這裡再回顧一下時間有哪些特徵吧。

時間具有「重複的次數」

要回答「在那之後過了多久？」這樣的問題時，需要把重點放在「以一定週期重複發生的事件」上，並回答「重複的次數」。如果這段期間內會發生3次日落，就會回答「3天」；如果這段期間內經歷了10次春天，就會回答「10年」。

由此可知，時間可以解釋成「一定週期內某件事的重複次數」。要說明時間過了多久，必須先從身邊尋找「重複發生的事件」，再將其發生頻率最為穩定的事件，作為時間長度基準的「時鐘」。

時間是「理解物體運動時必要的物理量」

西元前4世紀的古希臘哲學家亞里斯多德是首先談論物體運動的人，不過當時並沒有足夠精確的時鐘，即使是物體落下所花費的時間，也無法精確測量，所以亞里斯多德才會有「越重的東西掉落得越快、越輕的東西掉落越慢」的誤解。

第一個正確理解落體運動的是16～17世紀的科學家伽利略（Galileo Galilei，1564～1642）。伽利略在實驗中讓物體從斜面滾落，並且計算物體經過每個位置時過了多久，最後得到「物體在一定時間內落下的距離與物體的重量無關，而是與時間的平方成正比」，稱之為「落體定律」。

若要正確理解物體的運動，必須知道該物體的位置會如何隨時間改變。也就是說，在物理學中

單方向流動的時間

時間最大的特徵，也是最大的謎，就是它的單方向性。

時間指的是「理解物體運動時必要的物理量（參數）」。

時間是「事件的舞台」

牛頓認為世界上存在「絕對時間」。絕對時間與日常的時間無關，是理想化的「真實時間」。牛頓也認為在空間的概念上存在所謂的「絕對空間」。而宇宙中的各種事件，都是在由絕對時間與絕對空間構成的「沒有扭曲的舞台」上發生。「牛頓力學」便是以此為基礎，用數學說明物體運動的理論。

不管舞台上發生了什麼事，舞台本身並不會變形，這就是牛頓的絕對時間。不管我們如何運動，時間都不會停止，也不會變快變慢，與我們的直覺相符。

時間就像橡膠墊

愛因斯坦的相對論否定了牛頓的絕對時間。相對論說明了對不同人來說，時間的前進方式也不一樣，物質或能量也會因觀察方式不同而伸縮。這個名為時間與空間的舞台其實就像橡膠墊，如果上方有物體，橡膠墊就會因為物體的質量或運動狀態而變形。

時間的單方向性

除了前面提到的四個特徵之外，「單方向性」或許才是時間的最大特徵。我們會覺得時間每分每秒都在「流逝」，且朝著固定方向流逝，這種時間的方向就叫做「時矢」。波茲曼試著用「熵增原理」說明何謂時矢。

不過，熵增原理也不一定能說明所有的時矢。若牛奶與咖啡已經混勻（熵值最高的狀態），不論觀察多久都不會出現變化。必須先準備好未混合的牛奶與咖啡（低熵值狀態）才能觀察得到時矢的作用。同理，如果宇宙沒有先處於「低熵值的特殊狀態」就無法觀察到時矢。

然而，我們目前還沒有辦法說明這種特殊狀態，時間這個概念仍存在許多謎團。

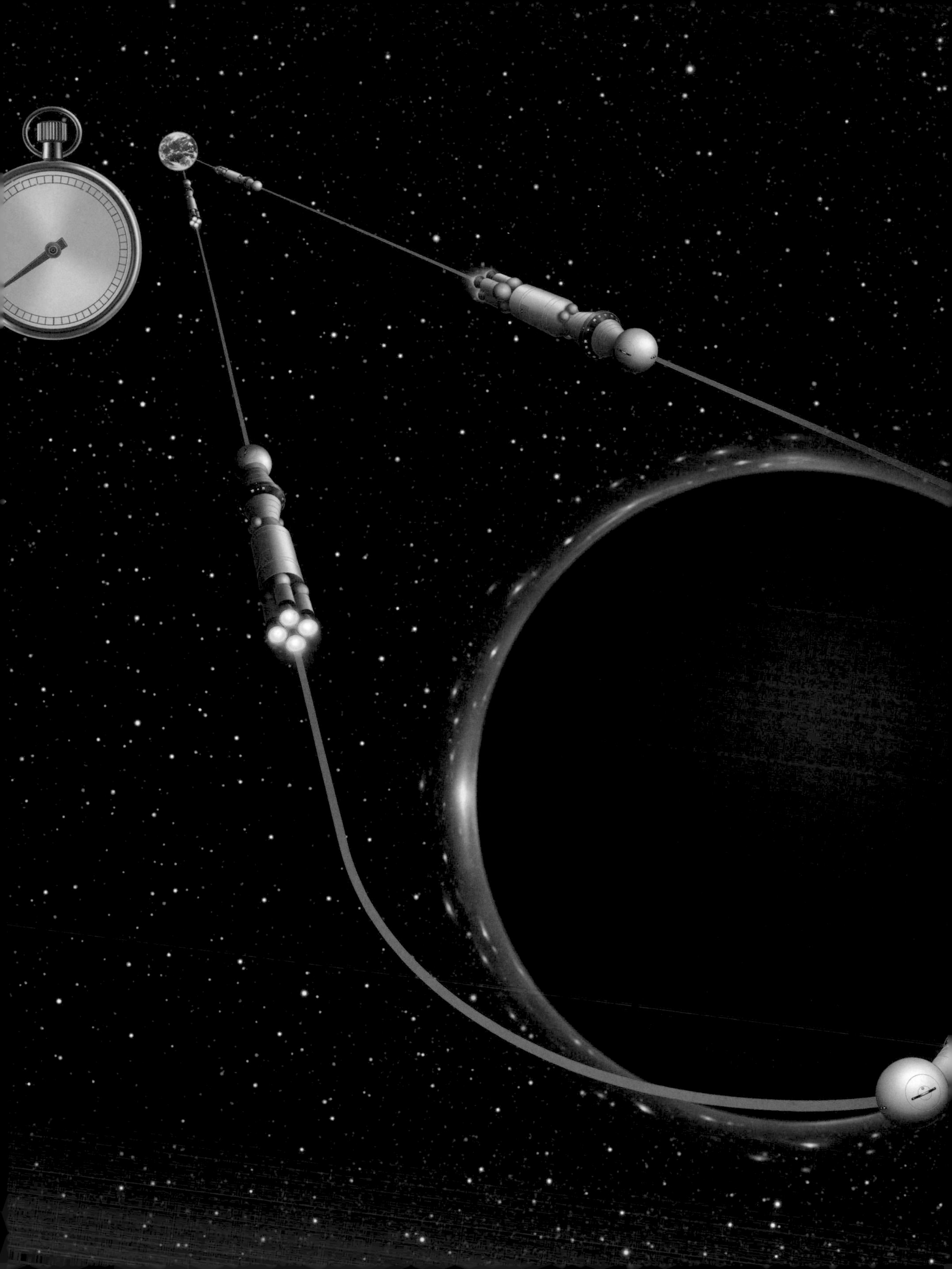

3
時空旅行
Time travel

SECTION 27

Time travel concept

時空旅行的想法

虛構故事中的時空旅行

許多虛構故事中都會提到「在不同時間點之間自由移動」的概念，例如《哆啦A夢》中，書桌抽屜內的時光機就是一個「時空隧道」，讓劇中角色可以前往過去或未來。

這種將時間視為「第4維度」，使人們可以在時間軸上自由移動，如同在3維空間自由移動的概念，或許是發想自愛因斯坦的相對論。哆啦A夢的時光機被設定成「連接時間軸上兩個『洞』的隧道」，類似於相對論提出的「蟲洞時光機」。而實際上也有人研究以蟲洞製作時光機的理論，後面會再介紹相關內容。

不過若真的可以實現時光機，也會產生其他問題，例如電影《回到未來》（*Back to the Future*）的故事情節中，描述回到過去的主角馬蒂在無意間妨礙了雙親的戀愛，但若是雙親沒有結婚，自己也就不會出生，於是他便為了修正歷史而努力奮鬥。

假設真的能回到過去，理論上我們有辦法把原本的歷史「修改」成自己沒有出生的歷史嗎？這個問題稱為「時間弔詭」（time paradox），之後會再詳細討論。

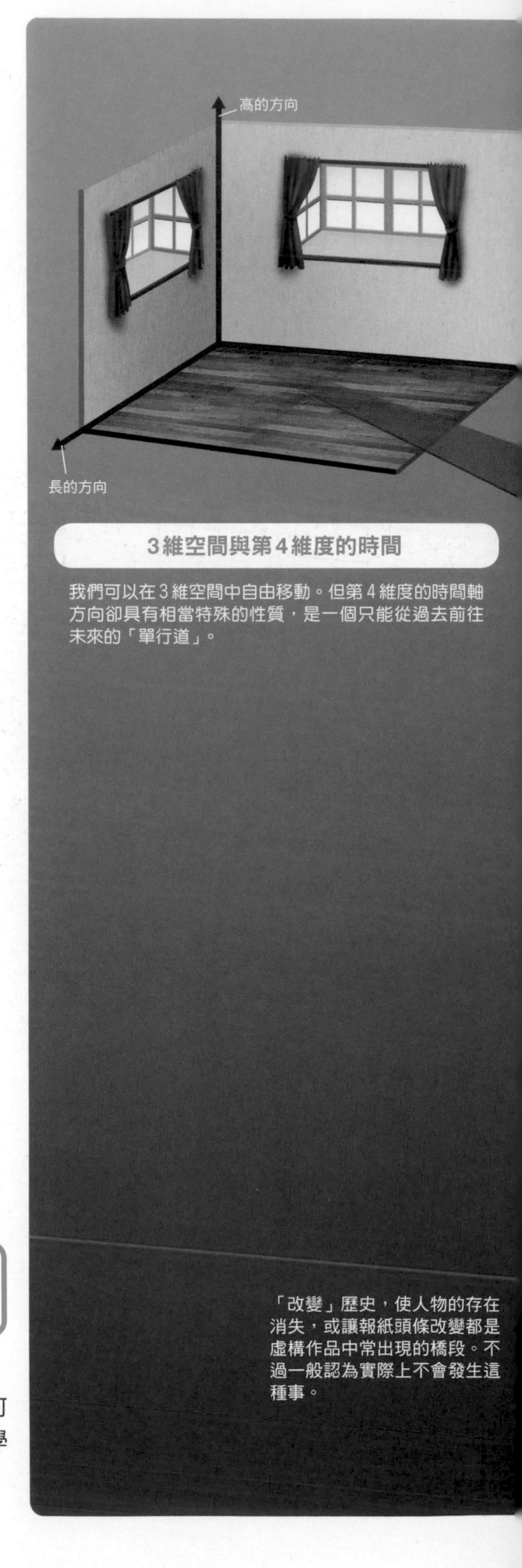

3維空間與第4維度的時間

我們可以在3維空間中自由移動。但第4維度的時間軸方向卻具有相當特殊的性質，是一個只能從過去前往未來的「單行道」。

「改變」歷史，使人物的存在消失，或讓報紙頭條改變都是虛構作品中常出現的橋段。不過一般認為實際上不會發生這種事。

時空旅行可行嗎？

插圖為時空旅行的示意圖。相對論將時間視為3維空間（長、寬、高）之外的「第4維度」。回到過去的時空旅行是否可行？如果可行，是否能改變過去的歷史？這些問題皆為物理學領域的研究問題。

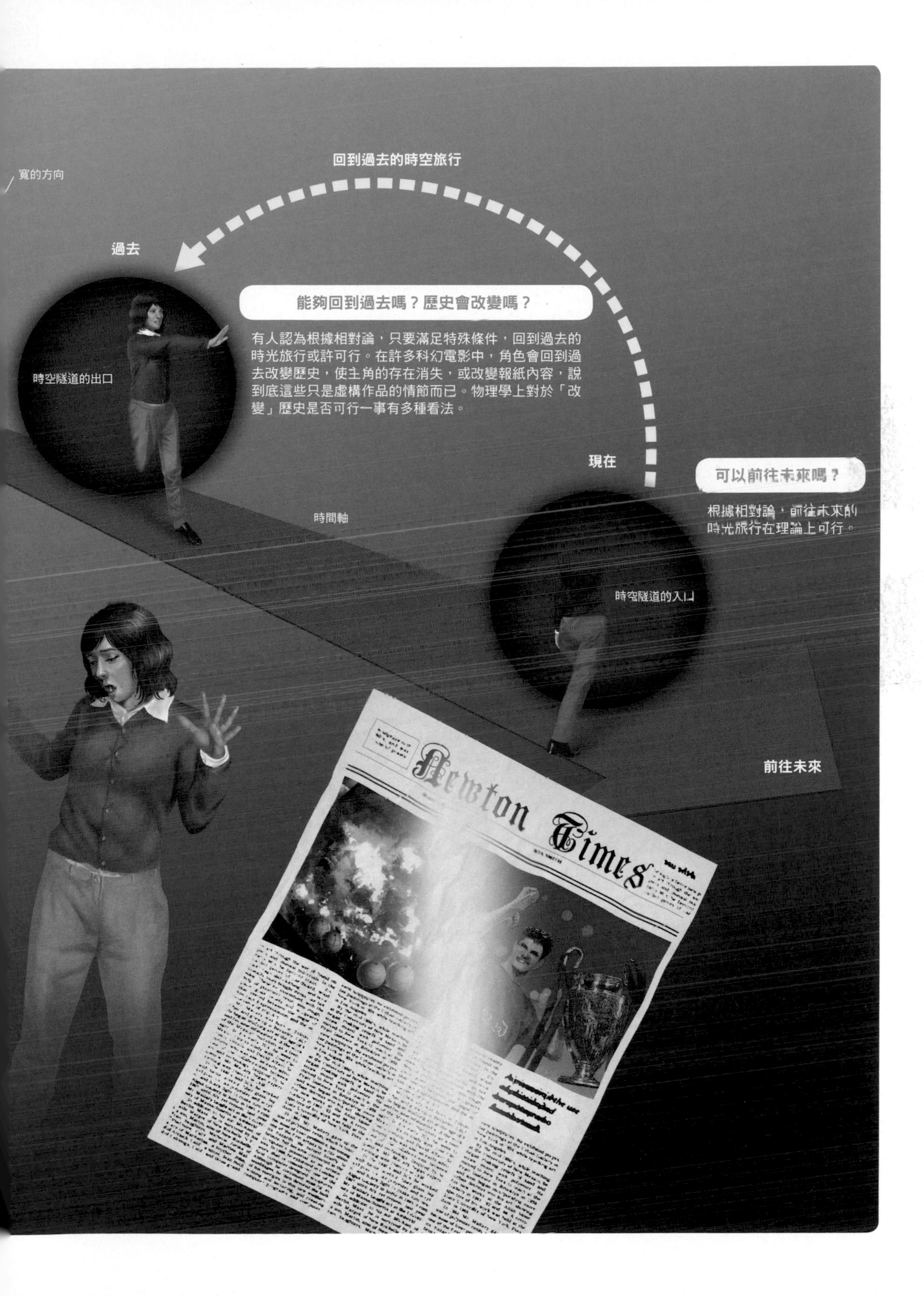
回到過去的時空旅行
寬的方向
過去
能夠回到過去嗎？歷史會改變嗎？
有人認為根據相對論，只要滿足特殊條件，回到過去的時光旅行或許可行。在許多科幻電影中，角色會回到過去改變歷史，使主角的存在消失，或改變報紙內容，說到底這些只是虛構作品的情節而已。物理學上對於「改變」歷史是否可行一事有多種看法。
時空隧道的出口
現在
可以前往未來嗎？
根據相對論，前往未來的時光旅行在理論上可行。
時間軸
時空隧道的入口
前往未來
Newton Times

物理學討論的時空旅行

根據1905年發表的狹義相對論，以及1915～1916年發表的廣義相對論，時間流逝的速度會依不同條件而變快或變慢。在那之後，德國天文物理學家史瓦西（Karl Schwarzschild，1873～1916）在研究廣義相對論的方程式時，得到了一個奇怪的解。這個

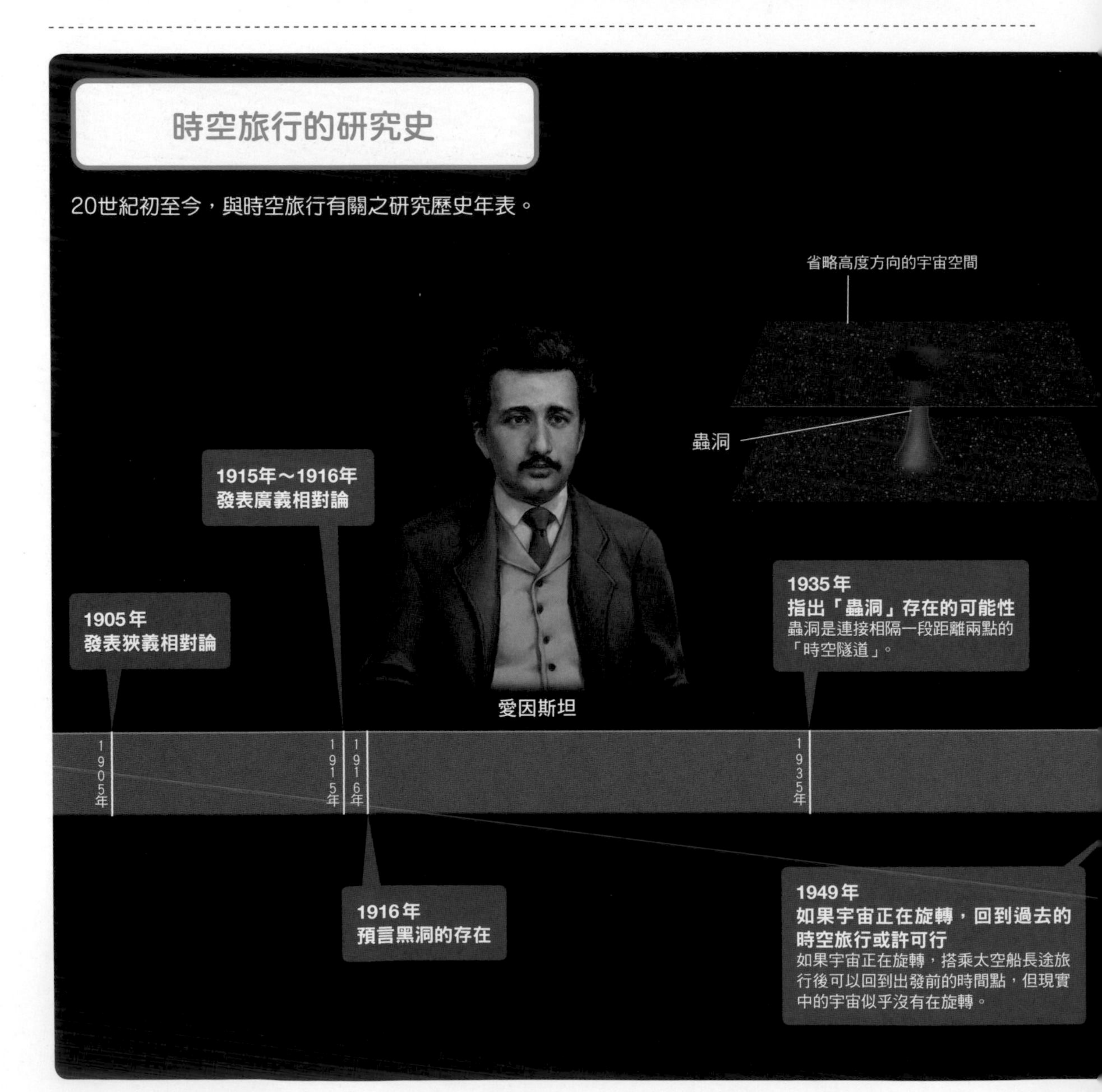

解預言了一個擁有強大重力，連光都能吞噬的星體「黑洞」（black hole）的存在。越靠近黑洞則時間的流速越慢。若利用這點，理論上可以完成「前往未來的時光旅行」。

1949年，哥德爾（Kurt Gödel，1906～1978）基於廣義相對論，還提出「如果宇宙正在旋轉，在一趟太空旅行之後，就會回到出發以前的時間點」的說法。

根據觀測結果顯示，宇宙並沒有在旋轉，所以此模型並不實際。不過這說明了「在廣義相對論的框架下，只要滿足某些條件，『回到過去的時空旅行』是可行的」，具有劃時代的意義。

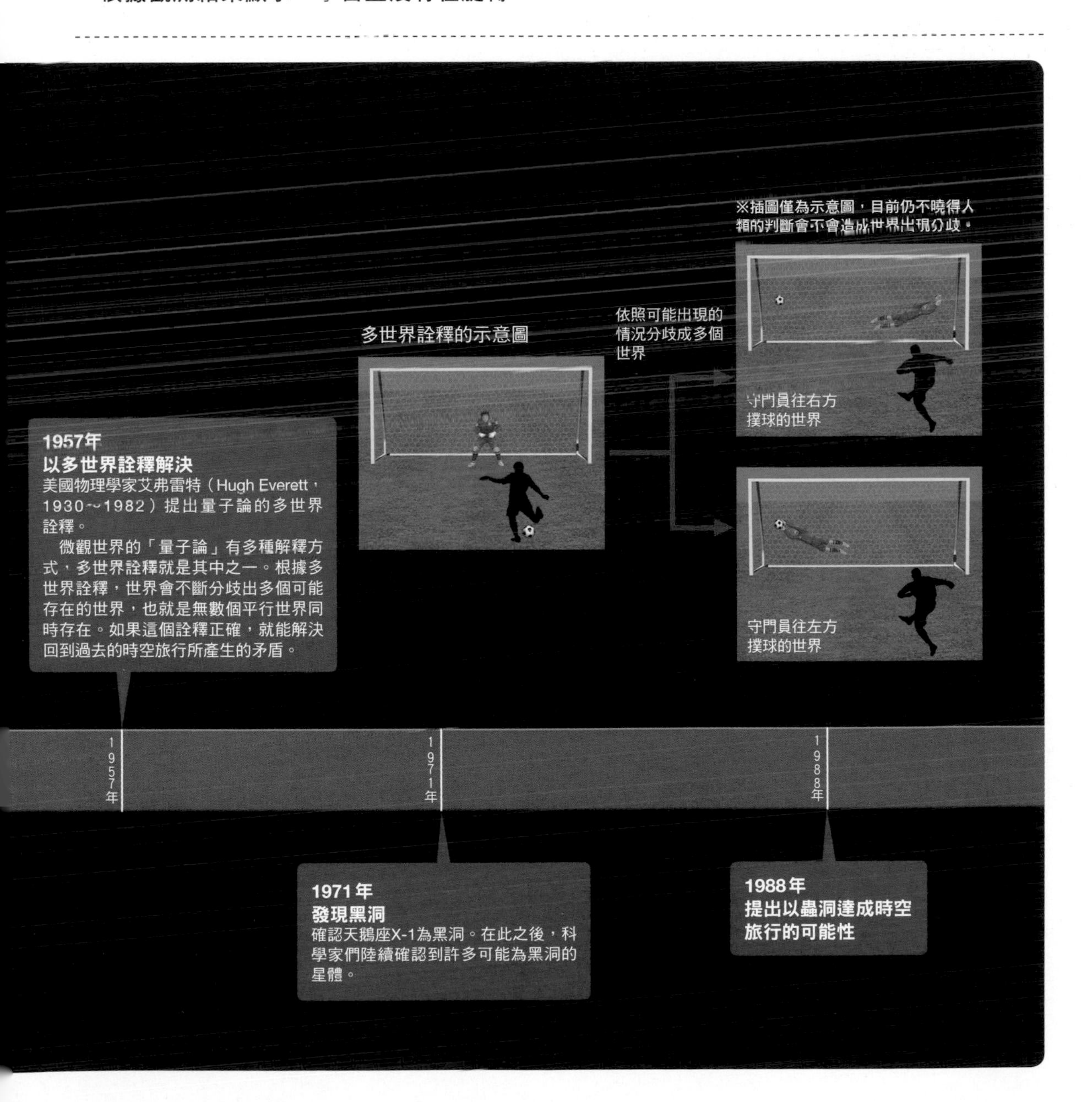

自然界的時空旅行

前往未來的時空旅行代表「前往比自己所在的時間點更晚的時間點」。這種時空旅行的關鍵在於「狹義相對論」。根據狹義相對論，當物體以接近光速前進時，時間的流逝就會變慢，而此現象也實際存在於自然界中。

宇宙射線（cosmic rays，來自宇宙的輻射線）撞擊到大氣分子後，會產生名為「緲子」（muon）的基本粒子。緲子原本是存在期間非常短的基本粒子，100萬分之2秒後就會衰變成其他基本粒子。生成的緲子會以接近光速前進。於大氣層上層生成的緲子，照理說應該前進不到1公里就會衰變，但因為渺子前進的速度相當快，時間過得比較慢，壽命也比較長，可以前進數十～數百公里後抵達地面。

緲子的「時空旅行」

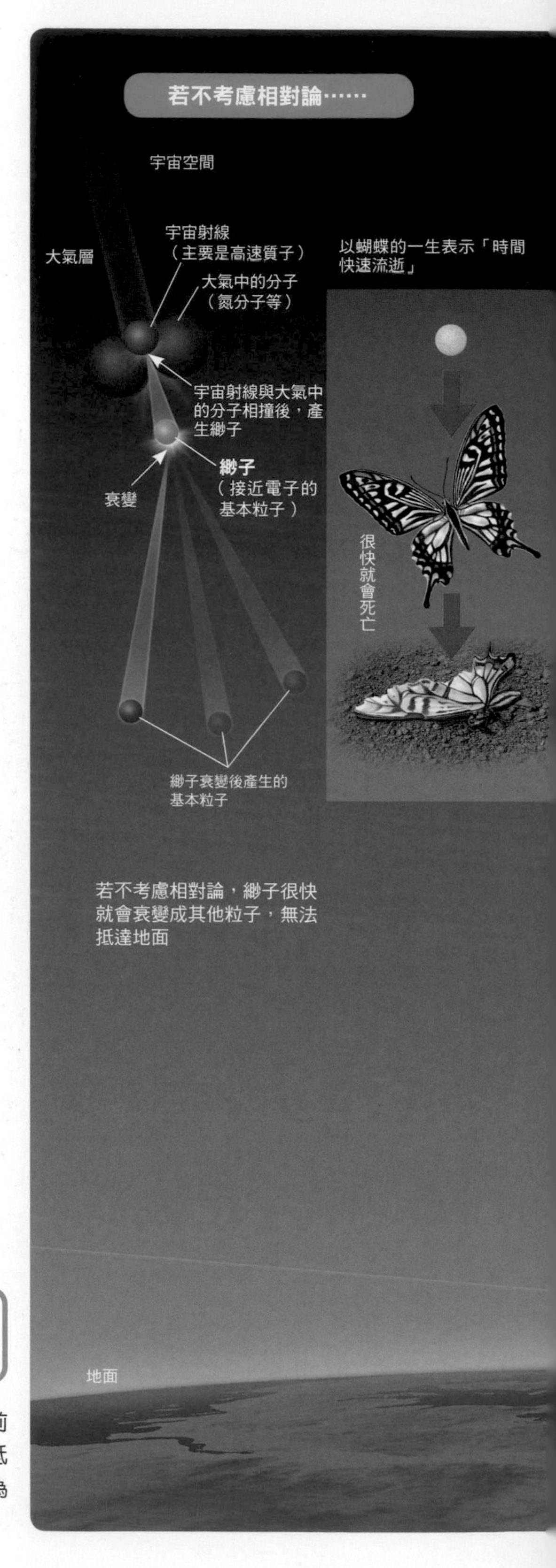

原本緲子應該要在瞬間衰變（左），但當緲子以接近光速前進時，時間會走得比較慢，壽命也會拉得較長，使其可以抵達地面（右）。緲子發生反應的過程其實相當複雜，插圖為簡化後的版本。

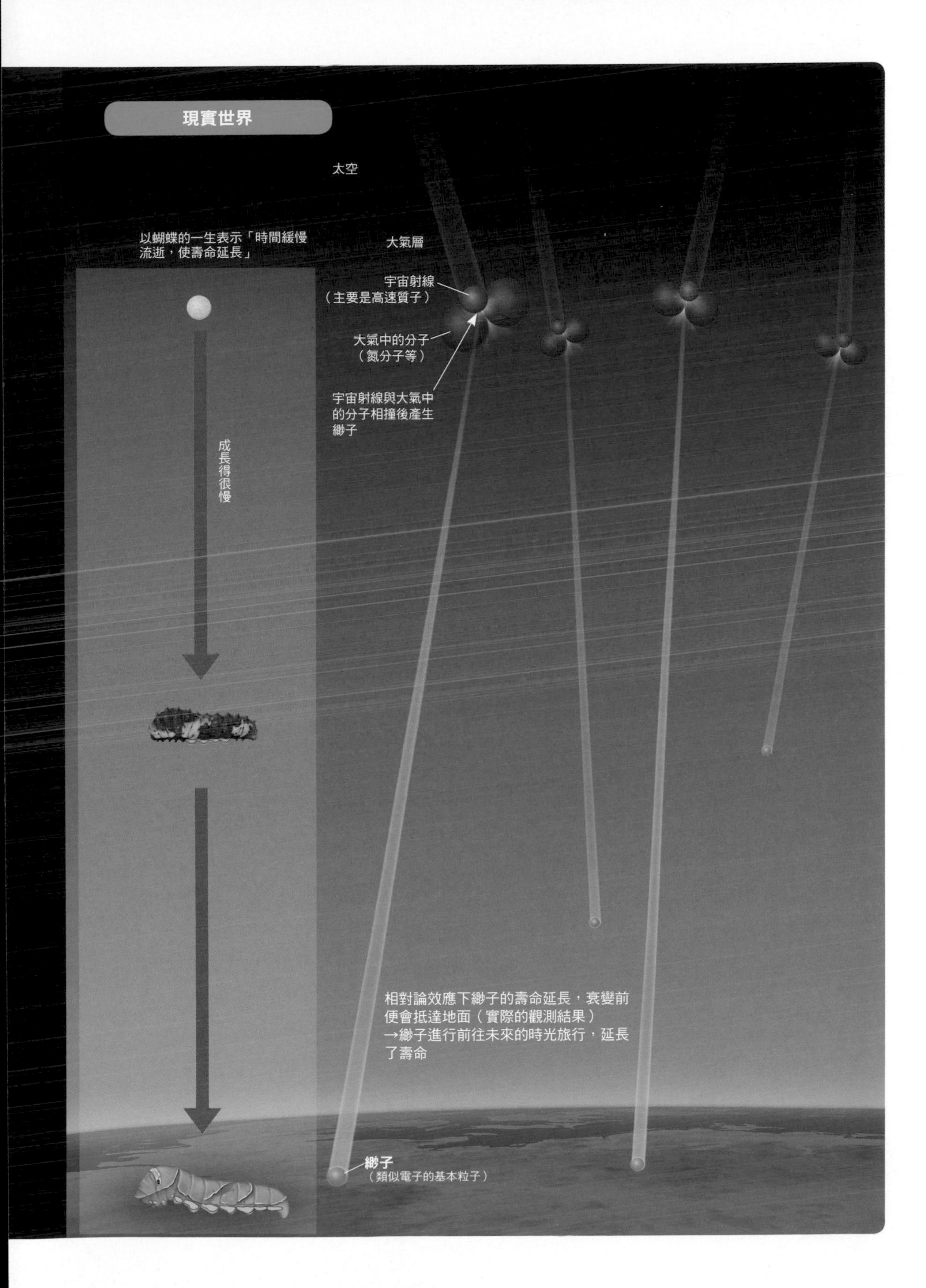
現實世界
太空
以蝴蝶的一生表示「時間緩慢流逝，使壽命延長」
大氣層
宇宙射線（主要是高速質子）
大氣中的分子（氮分子等）
宇宙射線與大氣中的分子相撞後產生緲子
成長得很慢
相對論效應下緲子的壽命延長，衰變前便會抵達地面（實際的觀測結果）
→緲子進行前往未來的時光旅行，延長了壽命
緲子
（類似電子的基本粒子）

無法達到光速

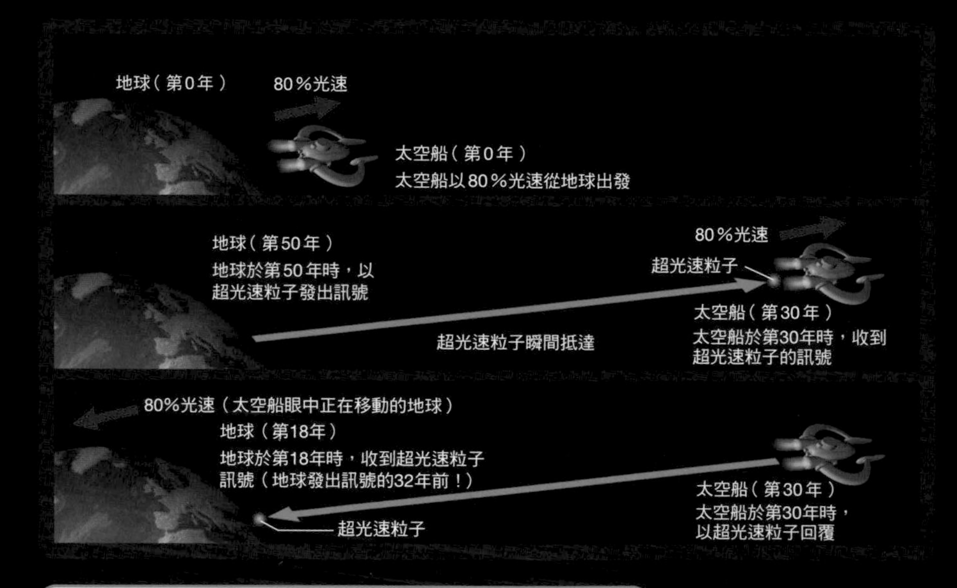

可以和過去通訊嗎？

假設有艘太空船以80％光速從地球出發（最上圖）。由相對論可知，太空船內的時間流逝速度較慢（地球的60％）。在出發後的第50年，地球眼中的太空船仍處於第30年（50年的60％，中央圖）。

此時從地球向太空船發射超光速粒子。為了簡化問題，假設不管距離多遠，超光速粒子都能瞬間抵達（速度無限大），在太空船的第30年會收到來自地球的超光速粒子訊號。

另一方面，太空船眼中的地球也正在移動。也就是說，地球以80％光速遠離，所以太空船過了30年後，太空船眼中的地球只過了18年（30年的60％）。當太空船往地球發射超光速粒子時，會在地球的第18年抵達地球（最下圖）。簡而言之，地球於第50年朝太空船發射超光速粒子，卻是在過去的第18年收到回覆。

相對論指出當物體越接近光速，質量越大，會越難以加速。所以除了質量為零的光（電磁波）之外，所有物體都無法達到光速。若速度無限趨近於光速，就會接近「時間停止流逝＝往無限未來之旅」的狀況，但無法使時間完全停止。

假設真的存在「超光速粒子」，這種粒子可作為通訊工具，使我們「與過去通訊」。不過，人類的身體及周圍的物體都是由原子構成，而原子又是由基本粒子構成，超光速粒子卻不是基本粒子。即使超光速粒子存在，「人類或太空船無法以超光速前進」的結論仍不會改變。

越接近光速，越難以加速

插圖中說明了運動中的電子越接近光速時質量越大，時間流逝的速度也越慢。軌跡的長度表示速度。時鐘顯示的是電子從靜止狀態過60秒後，比較其經過的時間點。

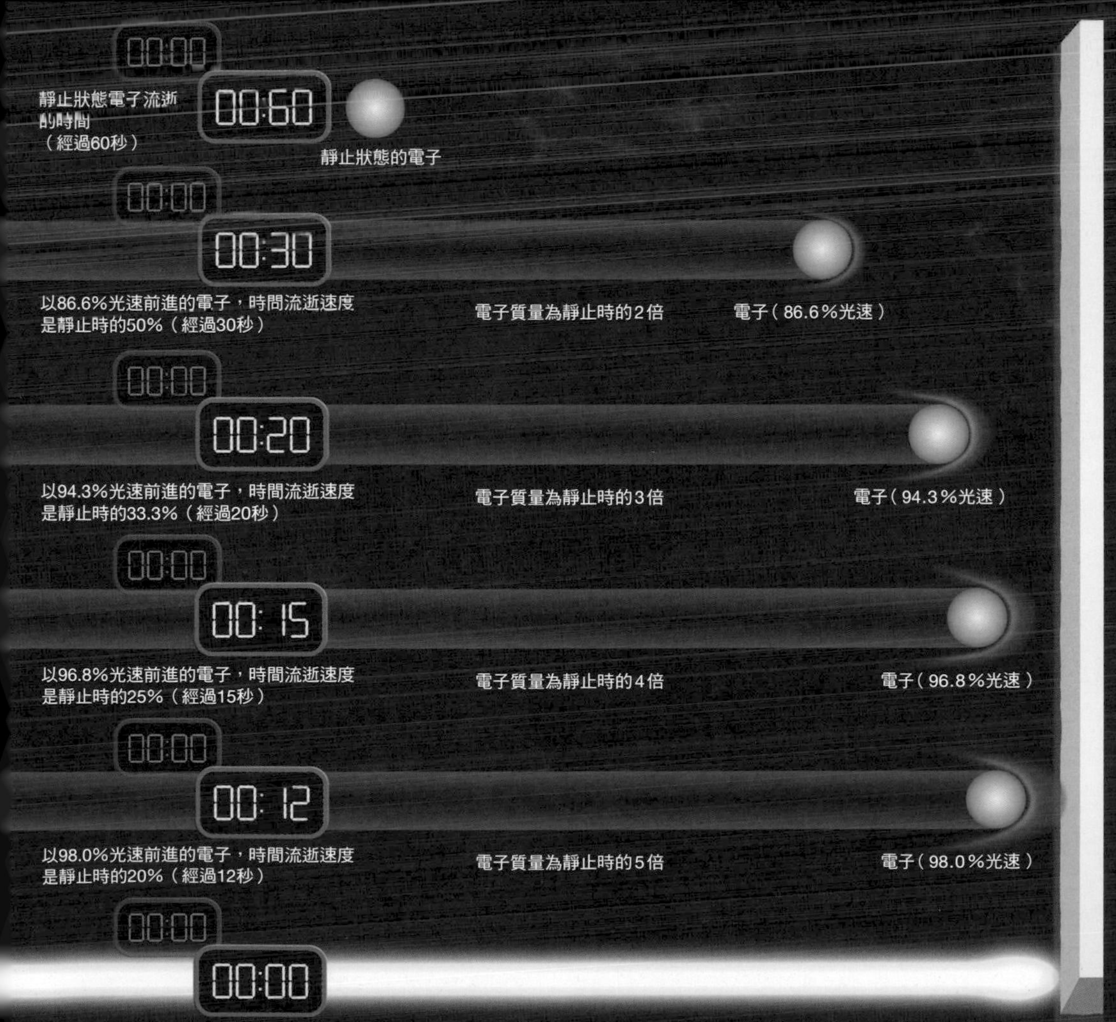

透過黑洞前往未來

還有沒有其他方式可以實現時空旅行呢？廣義相對論指出，越接近黑洞，時間流逝得越慢。假設有艘太空船飛往黑洞附近，一邊小心不被黑洞吞噬，一邊繞著黑洞飛行，暫時待在那裡，然後在適當時機回到地球。

於是便會得到「地球已經過了100年，太空船內的人卻只過了3年」的結果。可說是太空船進行了一趟時空旅行，前往97年後的未來。

我們所在的銀河系中可能包含數百萬個黑洞，所以這種「時空旅行」或許在不久的未來就能夠實現。

利用黑洞前往未來的旅行（①～③）

黑洞附近的時間流逝較慢，所以只要前往黑洞附近，並在那裡待一陣子後再回到地球，就可以前往未來了。

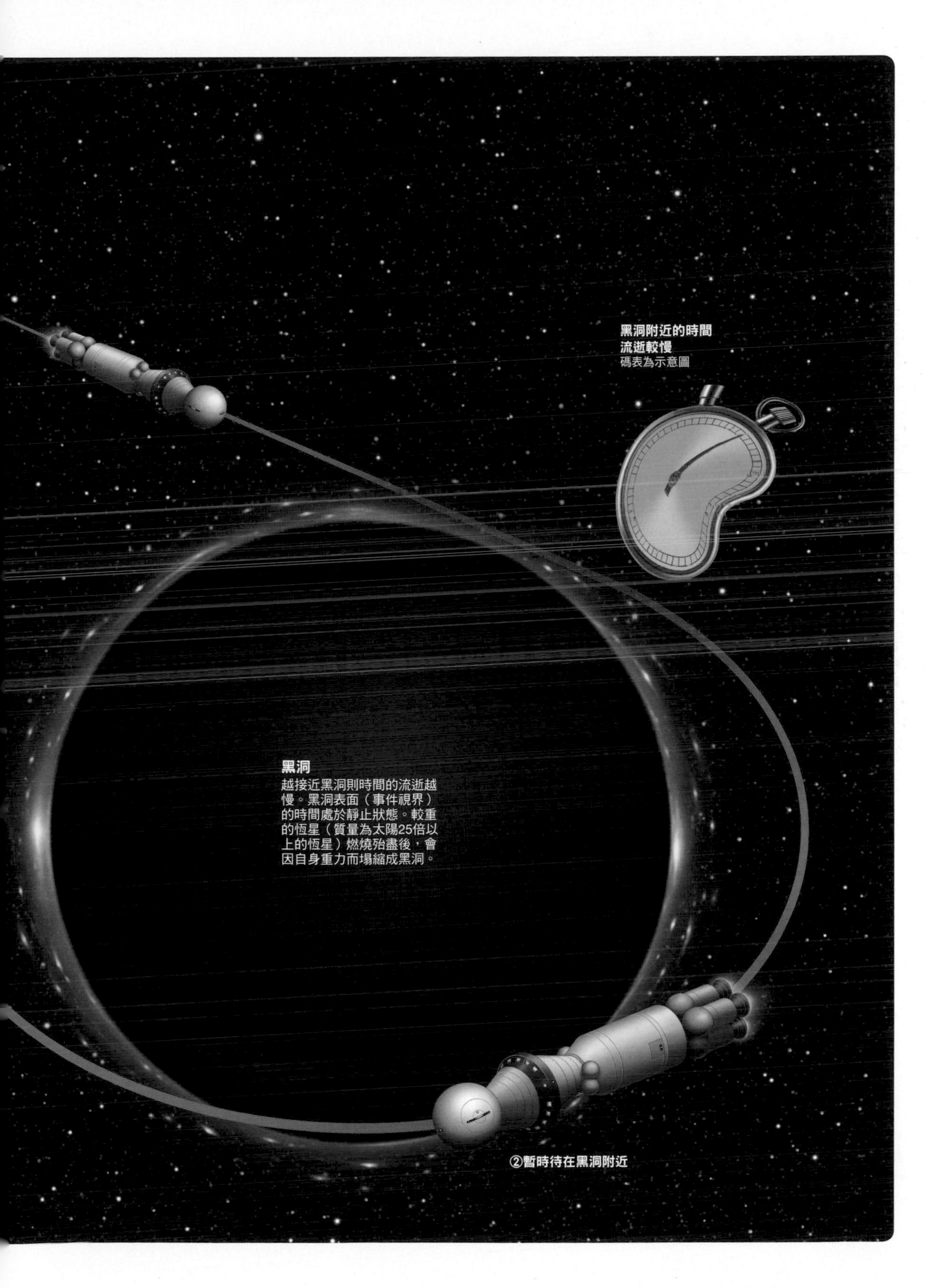
黑洞附近的時間流逝較慢
碼表為示意圖
黑洞
越接近黑洞則時間的流逝越慢。黑洞表面（事件視界）的時間處於靜止狀態。較重的恆星（質量為太陽25倍以上的恆星）燃燒殆盡後，會因自身重力而塌縮成黑洞。
②暫時待在黑洞附近

被超高密度物質包圍的時光機

地球

先不管可行性如何，還有一種特殊的時光機可以前往未來。

美國普林斯頓大學的天文物理學教授戈特（Richard Gott，1947～）在他的著作《時間旅行者的基礎知識》（*Time Travel in Einstein's Universe*）中介紹了一種時光機，如下所示。

戈特博士提議用木星作為時光機的材料。首先，將木星的所有物質放在想要時空旅行的人周圍，再把這些物質壓製成與木星相同大小的球殼，然後以某種方法將其壓縮成直徑6公尺的超高密度球殼。

我們已知這個完全對稱的球殼內會呈現無重力狀態。球殼產生的重力會將球殼內的人往四面八方拉扯，但因為每個方向的重力都有另一個方向相反的重力與其抵銷，所以整體而言，裡面的人會處於無重力狀態。

對球殼內的人來說，球殼內是無重力狀態，但從球殼外看來，球殼內的人確實有受到重力的影響。所以就如同黑洞的情況，球殼內時間的流逝速度會比地球慢。在球殼內的5年等於外界的20年。

以超高密度球殼製成的時光機

與黑洞製成的時光機類似，利用強大重力造成的時間延遲製成時光機。與掉進去就無法逃出的黑洞相比，這種時光機的使用者心理壓力應該較小。

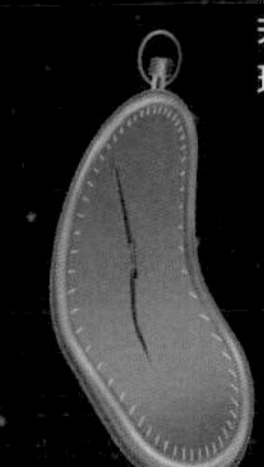

註：插圖中只用兩個箭頭來表示重力，但實際上每個方向都有重力作用，且皆會彼此抵銷。

如果可以回到過去將出現詭異的結果

假設愛麗絲穿越「時空隧道」回到了過去，後來她又因為某些理由而後悔踏上這次時空旅行，於是想阻止先前的自己踏上時空旅行。

假設她「成功阻止」了自己，那麼愛麗絲便沒有回到過去，但這樣就「無法阻止」過去的自己踏上時空旅行。這顯然是一種悖論（看似正確的邏輯，卻產生矛盾的結論）。

再舉一個例子。假設愛麗絲買了某年的暢銷小說，然後回到數年前把小說交給還沒開始寫這本小說的作者，後來作者將這本小說當成自己的作品公開發表。

這種情況下，真正的作者是不存在的，小說就像憑空出現，原因與結果（因果律）的關係被破壞了。

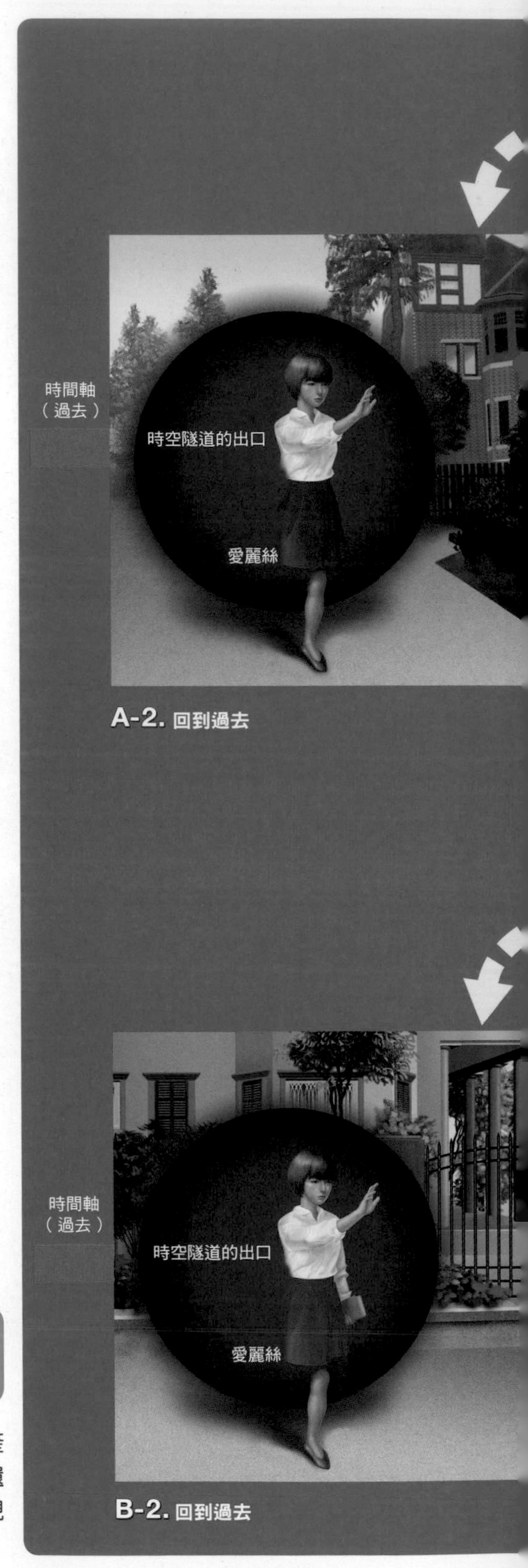

A-2. 回到過去

B-2. 回到過去

與回到過去有關的悖論

上方插圖描述了「回到過去再阻止自己回到過去」所產生的矛盾狀況。下方插圖則是「回到過去把小說交給還沒開始寫這本小說的作者」的例子，小說成了憑空出現的東西。

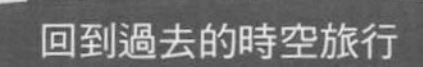

A-3. 有辦法阻止過去的自己進入時空隧道嗎？

A-1. 進入「時空隧道」的入口

B-3. 把小說交給作者後……？

B-1. 進入「時空隧道」的入口

過去絕對無法改變嗎？

如果假設「過去絕對無法改變」就能解決前頁的矛盾了。以撞球為例，假設時間0秒時，一顆撞球從左下往右上前進，於45秒時進入時空隧道的入口，再從30秒前（15秒時）的出口出來。撞球繼續前進，並撞到30秒時的自己，使30秒時的自己改變方向，無法進入時空隧道（右頁左上方插圖）。

如果是右側插圖的話又會如何呢？撞球於時間0秒時開始前進，於30秒時撞到「某個東西」後稍微改變了路徑，卻也因此進入了時空隧道，回到30秒前的過去，再撞到當時的自己，這樣就不會有矛盾了。雖然這樣的時空旅行會影響過去，卻不會改變歷史。

沒有矛盾的回到過去之旅1

下方兩個插圖是撞球回到過去的時空旅行之例。左邊是會產生矛盾，在現實中不可能發生的時空旅行。而右邊則是不會產生矛盾的時空旅行。

註：改編自《黑洞與時空的扭曲》（Kip S. Thorne著，Black Holes & Time Warps）的插圖。

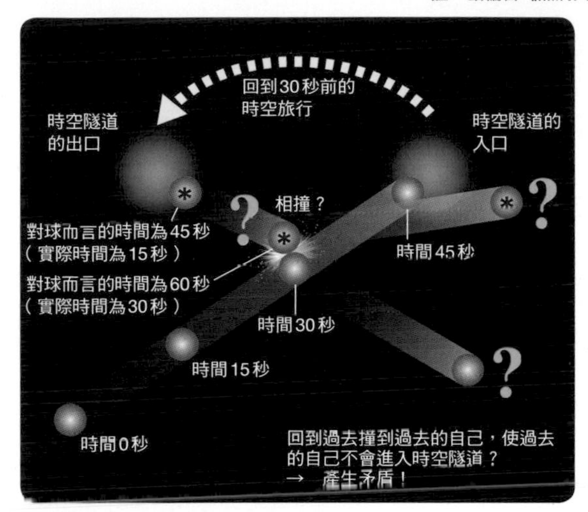

會產生矛盾的回到過去時空旅行

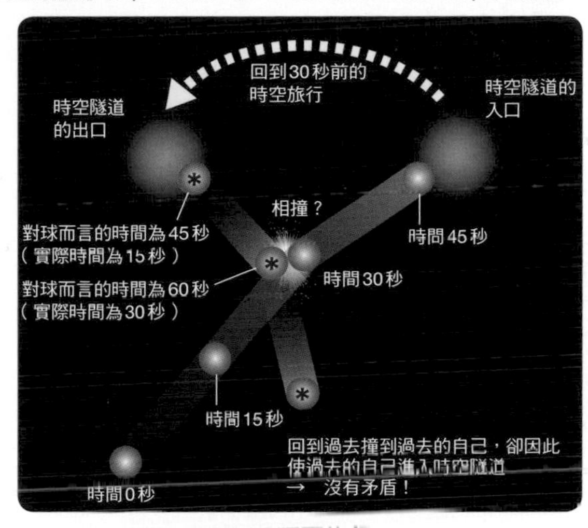

不會產生矛盾的回到過去時空旅行

沒有矛盾的回到過去之旅2

愛麗絲確實穿過時空隧道（右）回到過去（左），並想阻止過去的自己進入時空隧道。但過程中卻因為某些事件，例如被路人問路而停下腳步，過去的愛麗絲便趁著這段空檔進入了時空隧道。也就是說，不管怎麼努力都無法改變歷史。

如果存在平行世界就可以回到過去

還有一種方法也可以解決回到過去所產生的矛盾，就是假設「平行世界」的存在。

1957年時，美國物理學家艾弗雷特（Hugh Everett，1930～1982）提出了「多世界詮釋」（the Many-Worlds Interpretation），認為當時空旅行者回到過去想改變歷史時，時空旅行者就會轉移到「與原本的未來擁有不同歷史的世界」。也就是說，即使時空旅行者改變了過去，原本的未來依然存在，所以不會產生任何矛盾。

多世界詮釋下的回到過去之旅

下方插圖為量子論的一般詮釋（機率詮釋）與多世界詮釋。假設某個放射性物質的原子核半衰期為 1 天，該原子核在未來 1 天內會衰變的機率為50%，不衰變的機率為50%。假設 1 天後，觀測這個原子核衰變了，機率詮釋（左）會認為，1 天前「未來 1 天內不會衰變」的這種可能性「消失」了。

另一方面，多世界詮釋則不認為這個可能性消失了。也就是說，「未衰變」與「已衰變」的原子核同時存在於不同的世界（平行世界）（右）。不過，分歧的兩個世界已「斷絕聯繫」，所以即使多世界詮釋正確，我們也無法透過實驗驗證。

量子論的一般詮釋（機率詮釋）

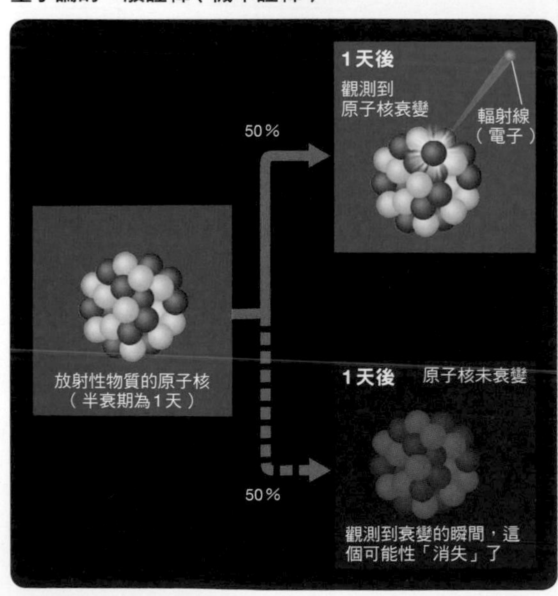

量子論的多世界詮釋

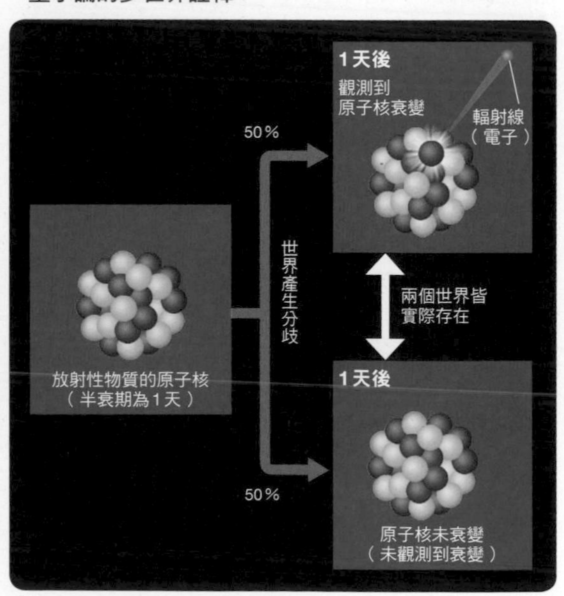

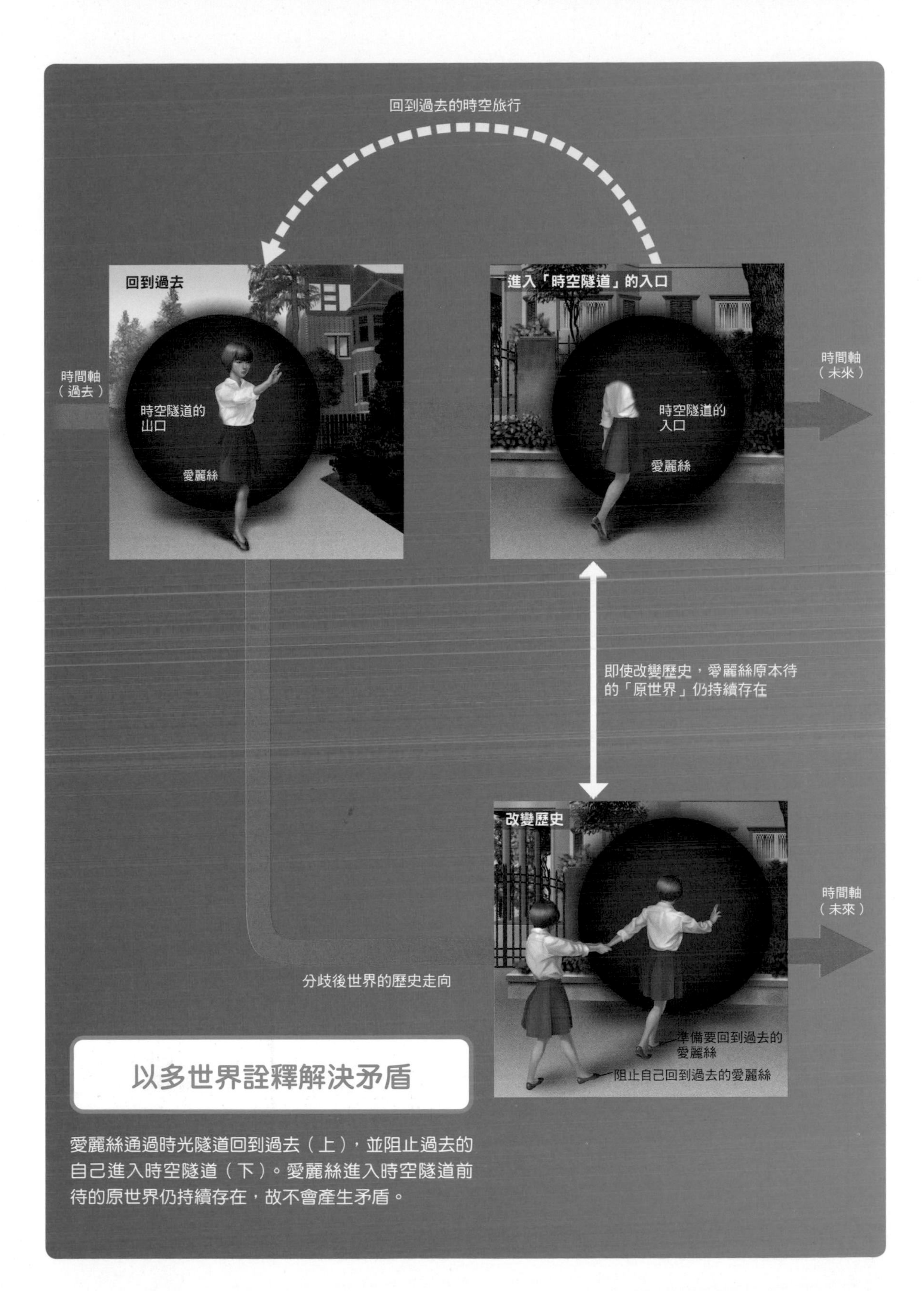

以多世界詮釋解決矛盾

愛麗絲通過時光隧道回到過去（上），並阻止過去的自己進入時空隧道（下）。愛麗絲進入時空隧道前待的原世界仍持續存在，故不會產生矛盾。

回到過去的關鍵 — 蟲洞

還有一種方法或許可以回到過去，就是使用有「時空隧道」之稱的蟲洞（wormhole）。

蟲洞是「兩個飄浮在空間中，彼此有一段距離的球狀洞穴」。當太空船進入其中一個洞，也就是其中一個蟲洞出入口（稱作mouth）的瞬間，會從另一個洞跑出來。這兩個洞在空間中有一段距離，卻又彼此相連。

不過，我們仍不曉得宇宙中是否真的存在蟲洞，這目前只是理論上的產物而已。

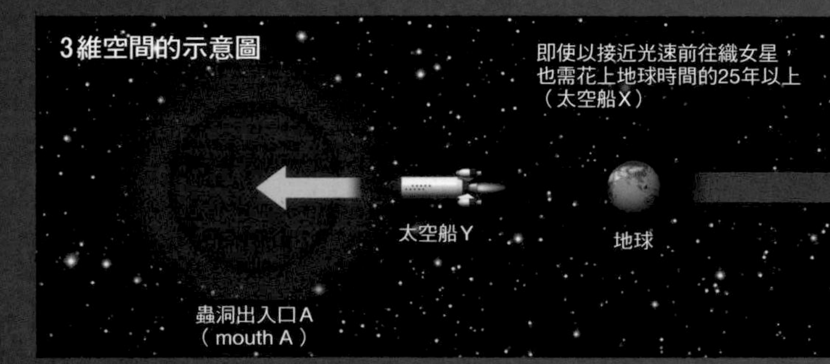

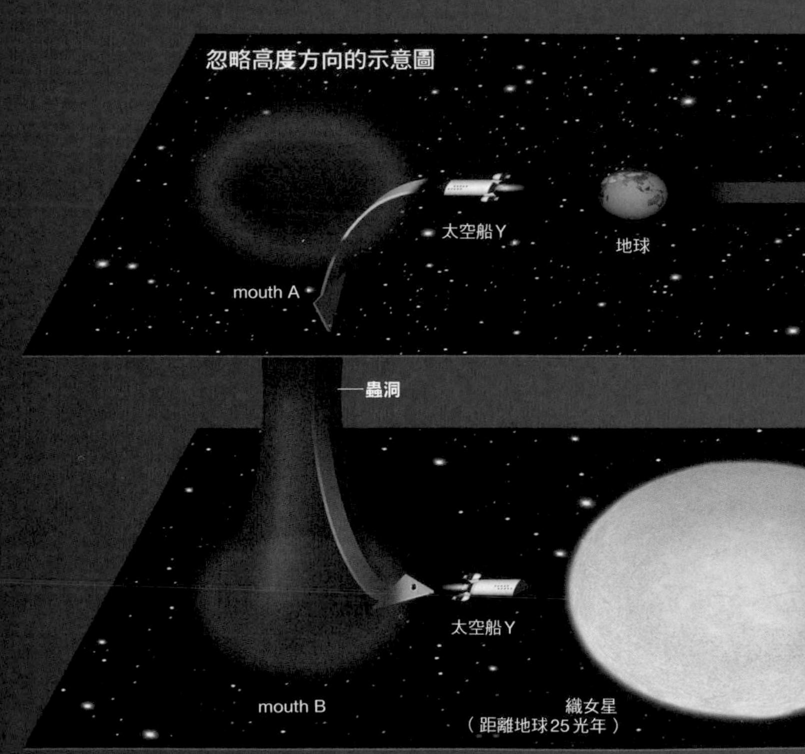

宇宙旅行的「捷徑」

若地球和織女星的旁邊都各有一個蟲洞出入口（mouth），比起一般在宇宙空間中行進的太空船X，穿越蟲洞的太空船Y會快上許多。上圖是以一般3維空間為概念，將mouth畫成球狀。下圖則因為將空間的扭曲（蟲洞的構造）視覺化而省略了高度的方向。

另外，為了凸顯蟲洞而將其以紫色表現，但實際上蟲洞是沒有任何顏色的（此後的頁數也是如此）。

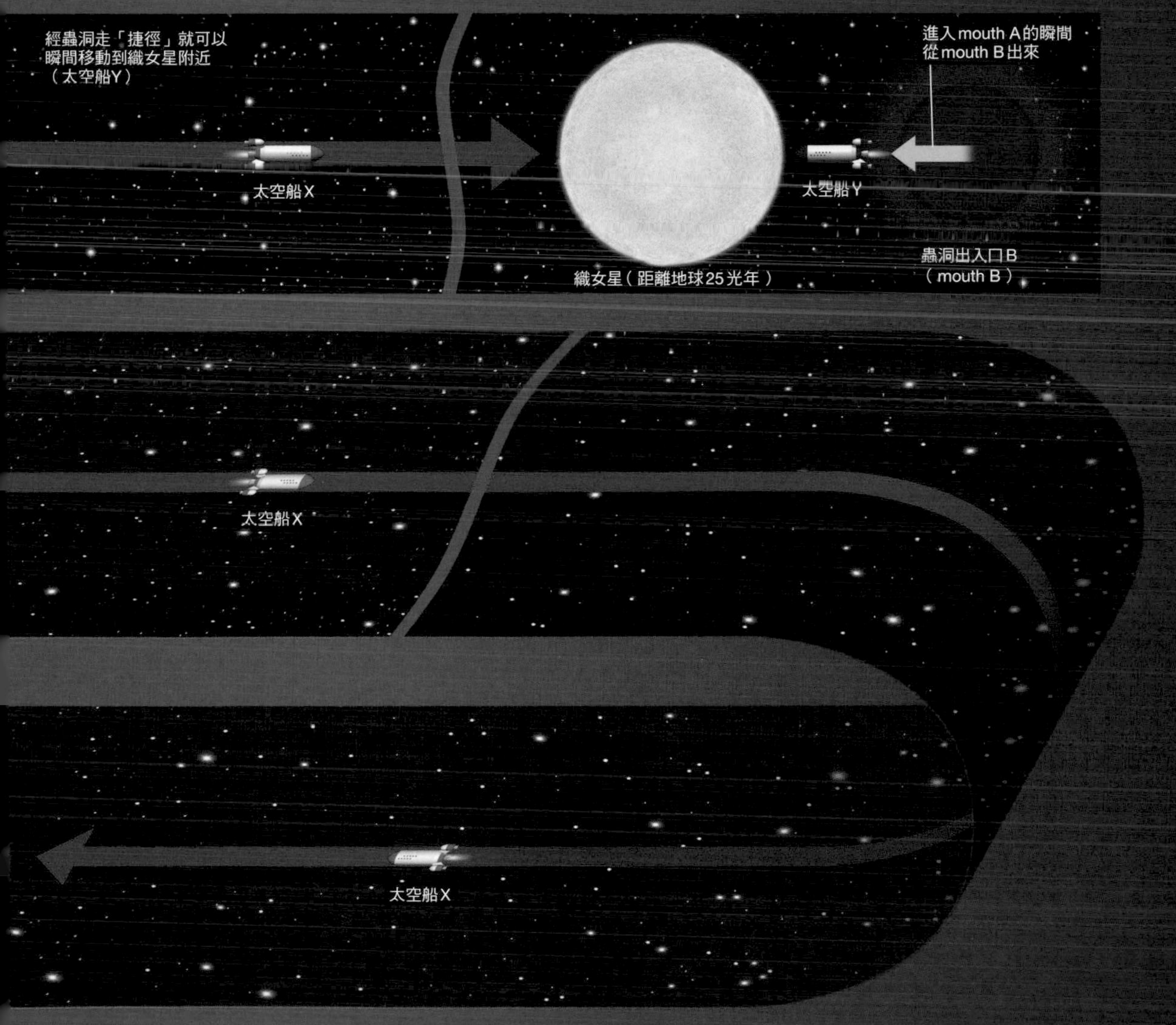

※改編自《黑洞與時空的扭曲》（Kip S. Thorne著，Black Holes & Time Warps）的插圖。

使用微觀世界的蟲洞

就目前而言，我們不曾在天文觀測中發現蟲洞，所以科學家認為蟲洞存在於自然界的可能性很低。提出蟲洞時空旅行的美國理論物理學家索恩（Kip Thorne，1940～）認為，或許可以在比原子核還要小很多的微觀世界中「找到」蟲洞。

他認為，大小為1毫米的1億分之1的1億分之1再1億分之1（10^{-35}公尺）的微型蟲洞，會在短時間內出現又消失。這是從量子論與廣義相對論推導出來的結論。

如果能用某種方法將這種微小的蟲洞擴大到讓人類也可以通過，並維持住大小，或許可以打造出能在不同時空間移動的時空隧道。

專欄 COLUMN 用奇異物質維持住蟲洞

即使我們能將微型蟲洞擴大，還是有個問題。計算結果顯示，擴大的蟲洞會在瞬間塌陷成黑洞（左）。於是索恩博士便提案要在蟲洞中注入「奇異物質」（exotic matter）維持蟲洞的大小（右）。

奇異物質擁有負能量，會產生反重力作用（斥力作用）將空間撐開。但目前仍不確定宇宙中是否存在奇異物質，也不確定是否能以人工的方式製造出足夠的量。

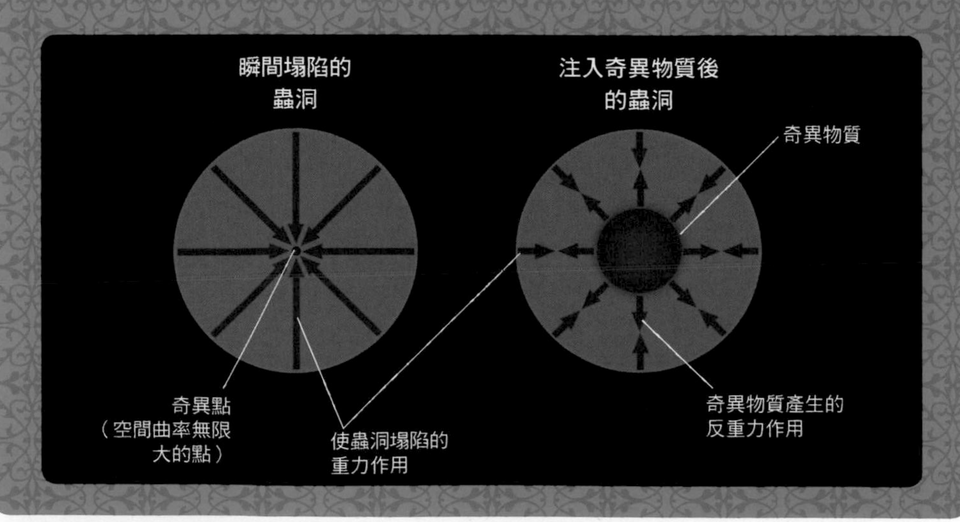

比原子核小的蟲洞
插圖中將蟲洞的出入口繪製成各種顏色的球。相同顏色的球為成對的蟲洞出入口。
成對的蟲洞出入口
成對的蟲洞出入口
用某些方法將微小的蟲洞擴大到人類的大小
成對的蟲洞出入口
人類大小的蟲洞
製作可讓人類通過的蟲洞

用蟲洞製作時光機的方法

利用「接近光速運動」製造時光機

將蟲洞的其中一個mouth以接近光速的速度移動（上），製造出一個與過去相連的蟲洞（下）。

如何用蟲洞製作時光機呢？假設蟲洞的兩個mouth都在地球附近。將mouth A留在原地，並用某種方式將mouth B加速到接近光速，抵達遠方後再回到地球旁。如同前面所提，以接近光速運動時，時間會流逝得比較慢，故可形成「地球與mouth A過了100年，mouth B卻只過了3年」的狀況。從蟲洞外側看來，兩端相差97年，但穿過蟲洞時卻不會產生時間差。

若按照這個例子，100年後從地球出發的太空船進入mouth B後，會從97年前的mouth A出來，可以說是回到過去的時光機。

讓其中一個mouth的時間流逝變慢

插圖描繪了兩種用蟲洞製作時光機的方法。左邊是利用「接近光速的運動」產生時間延遲，下面則是利用「黑洞」產生時間延遲。

②mouth B以接近光速前往遠方再回來（時間流逝速度變慢）

利用「黑洞」製造時光機

打開通往過去大門的宇宙弦

扭曲時空的宇宙弦

思考一個宇宙弦周圍的圓截面。在宇宙弦的重力影響下，圓周長會比一般的圓（假設圓半徑為r，圓周就是2πr）還要短，像是切去圓截面的部份角度（左）後黏合的樣子。因為缺少部分角度，因此以亞光速前進的太空船可以達成表面上的超光速運動。

另外，圖中將缺少的角度大小以誇張的形式表現。以理論預測此角度只有約3.8角秒（1角秒為1度的3600分之1）。

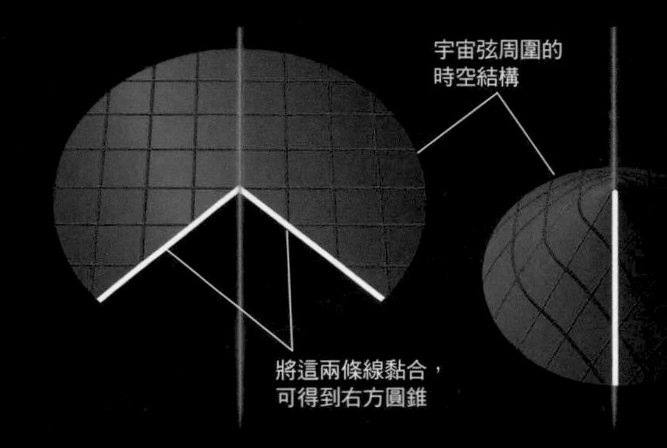

背景為許多宇宙弦飄浮在宇宙中的示意圖

用兩個宇宙弦回溯時間

插圖中，2條宇宙弦A與B以亞光速擦身而過。圖中時間為太空站觀測到的時間。

以亞光速航行的太空船於正午時從地球出發，朝著行星X前進。在正常時空下，朝著行星X直線前進應該是最短距離（圖中的光線路徑），但因為部分時空被切掉，所以繞過宇宙弦A旁的路徑（圖中的後方圓周路徑）實際上會變得比較短。因此，太空船會比朝著行星X直線前進的光還要早抵達，達成表面上的超光速運動。

於正午抵達行星X的太空船，再以亞光速通過宇宙弦B的附近（圖中的前方圓周路徑）回到地球，此時地球仍是中午，太空船上的人甚至能看到過去的自己。

宇宙弦※（cosmic string）是一種比原子核還要小的東西。不過每1公分的宇宙弦，質量就高達10^{16}公噸。宇宙弦的長度可能為無限，或是一個封閉環路，以亞光速（接近光速的速度）在宇宙中飄盪，並且不是由原子構成，而是某種能量的聚合體。這是由戈特博士於1991年發表的理論，宇宙弦的強烈重力會扭曲周圍時空，讓我們能藉此回到過去。

不過，宇宙弦目前只存在於幾個物理學理論的預言中，仍不確定是否真實存在。即使真實存在，要捕捉到以亞光速運動的宇宙弦，並任意控制其運動，想必需要相當複雜的高科技。

※宇宙弦與「超弦理論」中的「弦」是完全不同的東西。

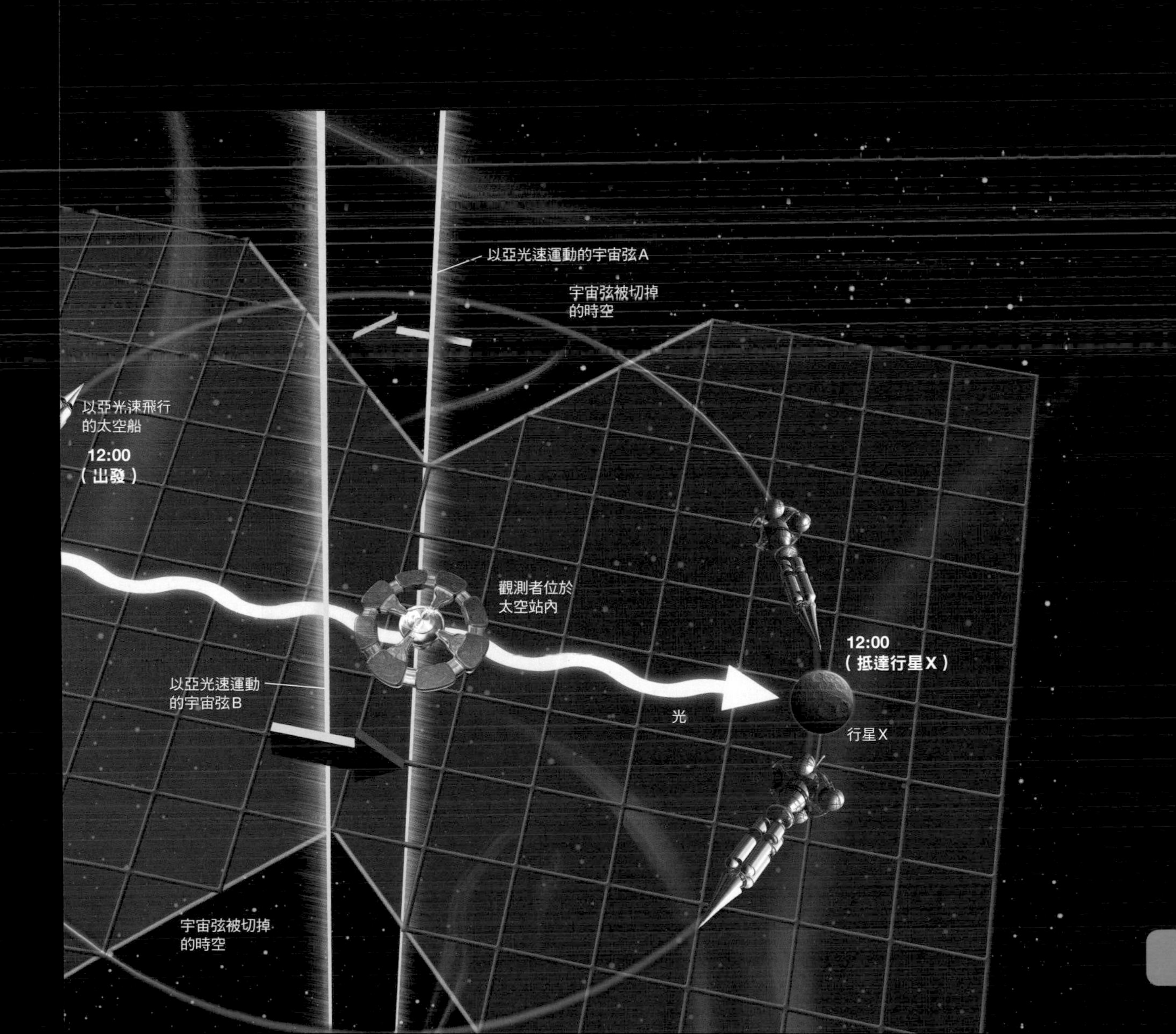

蟲洞 真的存在嗎？

理論上只要有「蟲洞」就能夠進行瞬間移動與時空旅行。蟲洞的英文為wormhole，意為（時空中）被蟲吃掉的洞。

1935年，愛因斯坦與共同研究學者羅森（Nathan Rosen，1909～1995）根據廣義相對論，預言了蟲洞的存在，因此蟲洞也稱作「愛因斯坦－羅森橋」（Einstein-Rosen Bridge）。

當初蟲洞的概念被提出時，人們認為即使蟲洞存在也會馬上「塌縮」（collapse）成黑洞。不過到了1988年，羅森博士等人從理論上證明，只要利用奇異物質「補強」蟲洞，就有辦法打造出一個能讓人通過的蟲洞。

關鍵在於「重力微透鏡效應」

不過，存在於物理學理論中的蟲洞，現實中真的存在嗎？名古屋大學的阿部文雄副教授提出了一個尋找蟲洞的研究，並於2010年發表了相關論文，阿部副教授認為其關鍵在於「重力微透鏡效應」（gravitational microlensing）。

廣義相對論中提到，星體（擁有質量的物

蟲洞想像圖

如果蟲洞存在，出入口看起來或許會像圖上所示。球面上會顯示出另一個出入口，朝向另一個宇宙的扭曲影像。在「重力透鏡效應」的作用下，球面外緣則會顯示出後方星體的扭曲影像。

質）的重力會扭曲周圍光線的前進方向。假設遠方有顆星體A，而地球與星體A之間存在一顆星體B。此時來自星體A的光線會在星體B的重力下扭曲、分裂，這種現象叫作「重力透鏡效應」（gravitational lens effect），而星體B就稱為「透鏡星體」。

若重力星體較輕，後方天體的成像雖然不會扭曲、分裂，但看起來會變亮，這就叫作「重力微透鏡效應」。如果遠方星體通過地球與重力星體的連線，從地球上看來，遠方星體會先變亮，然後再恢復原本的亮度。雖然重力星體本身過暗而無法觀測，卻可以間接得知重力星體的存在。

一般星體產生的重力微透鏡效應，必定會使遠方天體看起來「變亮」。但如果是蟲洞，依照地球與遠方星體相對位置的不同，有時會讓遠方星體看起來「變暗」。

或許能利用這點確認蟲洞的存在。

回到過去的時光機會爆炸？

利用蟲洞打造時空捷徑是由廣義相對論推導出的概念，但在考慮到量子論之後，時光機可能會自我毀滅。

根據索恩博士於1990年的計算，當回到過去的時光機完成時，會立刻出現「某個東西」通過蟲洞回到過去，瞬間回到該出發的時間、地點。

這個東西可以是以光速移動的光，或是「真空中的扭曲」等等，在時光機完成的當下，便會通過時光機回到出發時間。這麼一來就像被複製了一樣，會得到兩樣東西。若是將這項行為重複執行，則會無限增加並形成強力光束。這種龐大的能量循環將會讓時光機爆炸。

回到過去的時光機不可能實現嗎？

此外，科學家也在數學上證明了這種「真空扭曲的無限增殖」現象，也會出現在蟲洞時光機以外回到過去的時光機中。考慮到量子論效應後，回到過去的時光機基本上都會產生某些問題。

在索恩博士與其他學者進一步的研究下，得到「時光機是否會自我毀滅，需由『量子重力理論』決定」的結論。量子重力理論是「融合」廣義相對論與量子論的未完成理論。若要確定蟲洞時光機是否會爆炸，則必須等待量子重力理論完成才行。

自我毀滅的回到過去的時光機

假設某個東西（以下稱作X）從蟲洞的mouth（出入口）A附近出發，之後進入mouth B回到過去，回到出發時刻的mouth A附近（①）。因為此時過去的X也在A附近，所以變成了2個X。無限重複這個過程，X就會無限增加。

無限增加的X會形成「強烈光束」並破壞蟲洞。索恩博士認為這個X就是「真空的扭曲」。不過，若想知道這種現象是否真的會破壞蟲洞，則必須等到「量子重力理論」完成。

強烈光束
蟲洞時光機完成的瞬間會產生強烈光束，會使蟲洞時光機自我毀滅嗎？

地球

蟲洞的 mouth A

mouth B

使mouth B以接近光速的速度往返，與mouth A產生「時間差」，蟲洞就會轉變成時光機。

mouth B

①
X回到過去
蟲洞內的超空間
mouth A
X
mouth B

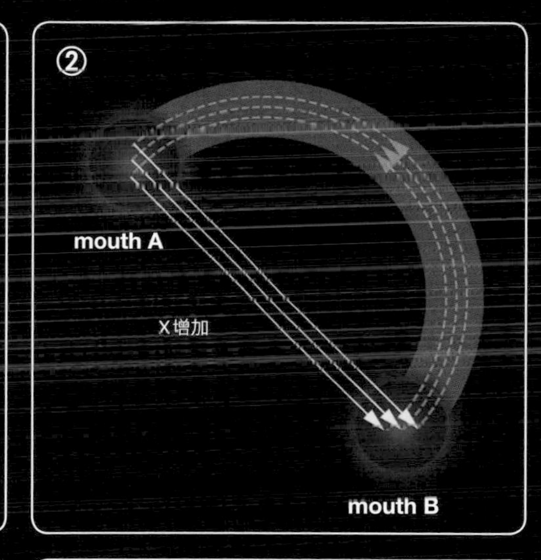

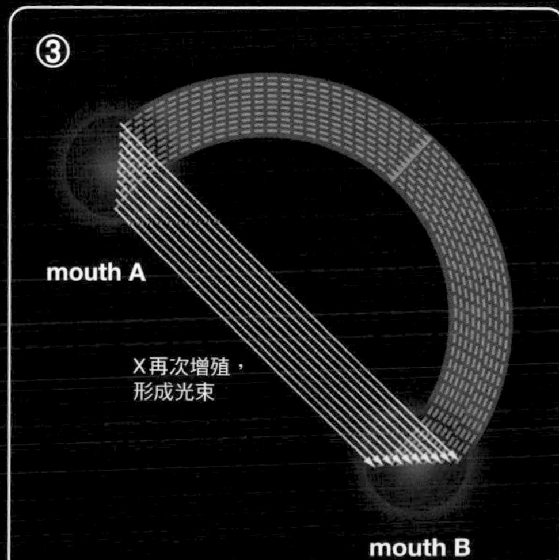

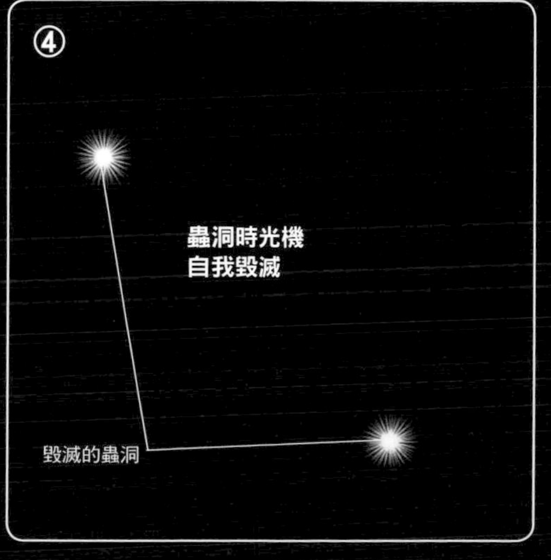

COLUMN

欺騙感官體驗，進行時光旅行的方法

人類的腦部會重新「編輯」來自感官的各種資訊，得到一個沒有矛盾的時間軸。以下介紹利用這點達成時光旅行的方法。

感覺的時光機

這種方法會使用到頭戴顯示裝置（head-

感覺的時光機示意圖

用HMD來體驗虛擬的時光旅行吧。上方為戴上HMD的體驗者所看到的影像，下方是從旁觀第三者的角度觀察整個實驗的樣子。不論是即時影音或預先錄製好的影音，受試者會透過眼前的顯示器與耳機，看到或聽到攝影機拍下的影像與聲音。

體驗者的視角

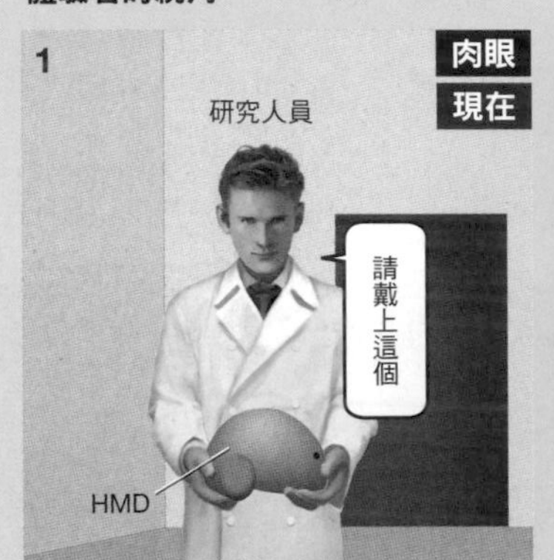

你拿到頭戴顯示裝置（HMD）

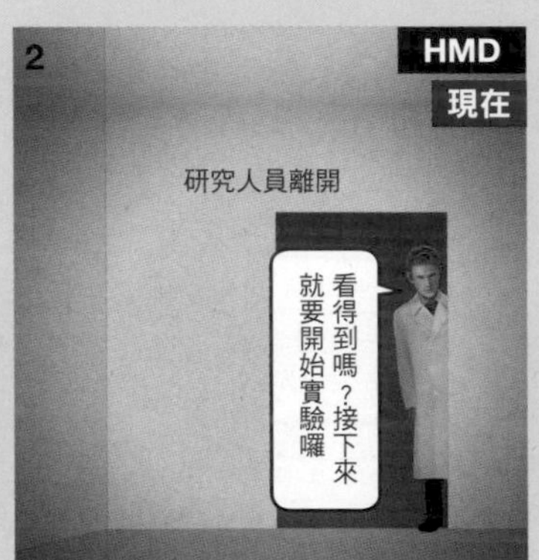

你：「好的（比YA）。」

從旁觀者看到的樣子

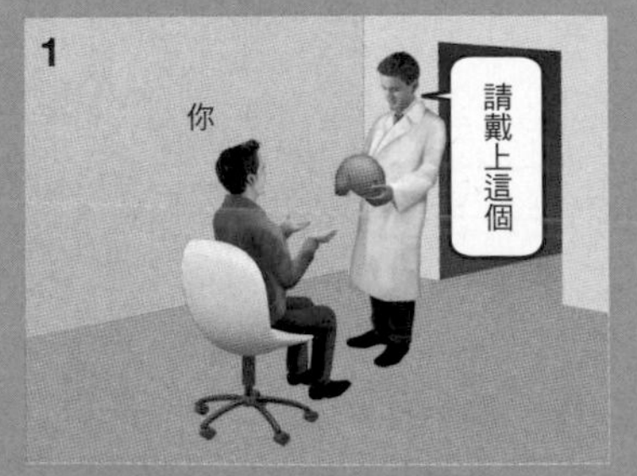

工作人員把頭戴顯示裝置（HMD）遞給你

工作人員離開

沒人跟你講話，但你卻比了YA

mounted display，HMD）。HMD外型類似防風鏡型顯示器，再加上耳機與安全帽的組合。顯示裝置的外側於額頭位置上有個小型攝影機。坐在椅子上的受試者觀看四周時，攝影機會朝著體驗者觀看的方向拍攝，並將影像即時投影到帽內的顯示器。另外，實驗人員可以將顯示器的影像切換成事先錄影下來的影片給受試者觀看。

使用這套HMD，就可以欺騙自己「在哪裡、在做什麼」等感覺，體驗到虛擬的時光旅行。顯示器可無縫切換即時影像與預先錄下的影片，讓受試者將過去發生的事誤以為是「現在正在發生的事」。

現在遊戲等VR技術的應用越來越廣，混合了現在與過去的虛擬體驗，將會越來越常出現在日常之中。

你：「！」

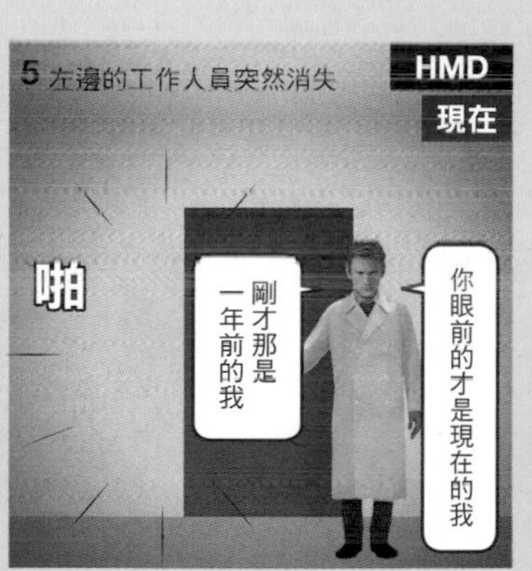

你：「那一開始幫我拍照片的人是……」

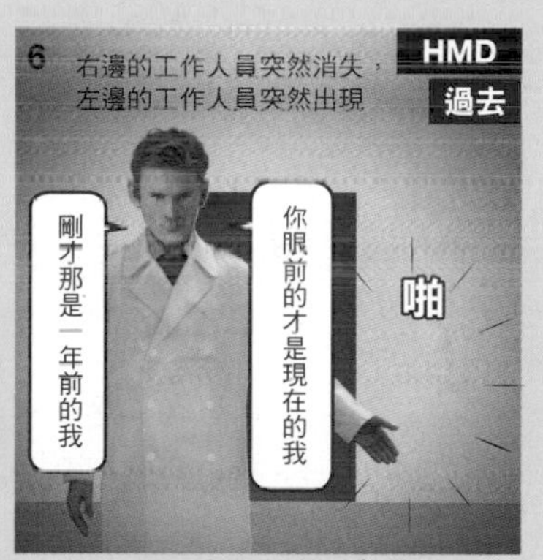

你：「……到底該相信誰呢？」

工作人員再次走進房間時，你不知為何嚇了一跳

你正在聽工作人員的說明

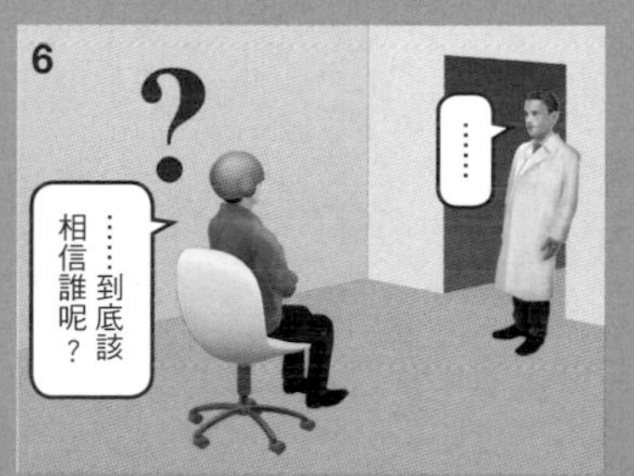

工作人員什麼都沒說，你卻回了他一些話

4

時間的起始與終結

Beginning and end

時間是從何時「開始」的？

時間究竟是什麼時候「開始」的呢？亞里斯多德認為「時間沒有起始點」，連愛因斯坦都認為「宇宙永遠存在」，不曾想過宇宙從何時開始。不過，這樣的想法逐漸被科學家捨棄。1929年，美國天文學家哈伯（Edwin Hubble，1889～1953）找到了宇宙與時間都在持續膨脹的證據。

既然宇宙與時間都在持續膨脹，就代表過去的宇宙很小。若將時間持續往前回溯，宇宙會越來越小，到距今138億年前，整個宇宙都集中在極微小的一點，這就是宇宙的開始。

相對論將宇宙中的時間與空間視為一個整體，所以宇宙的起始同時也是時間的起始。不過，也有人提出不同的意見，認為時間在更早之前就已經開始流動。

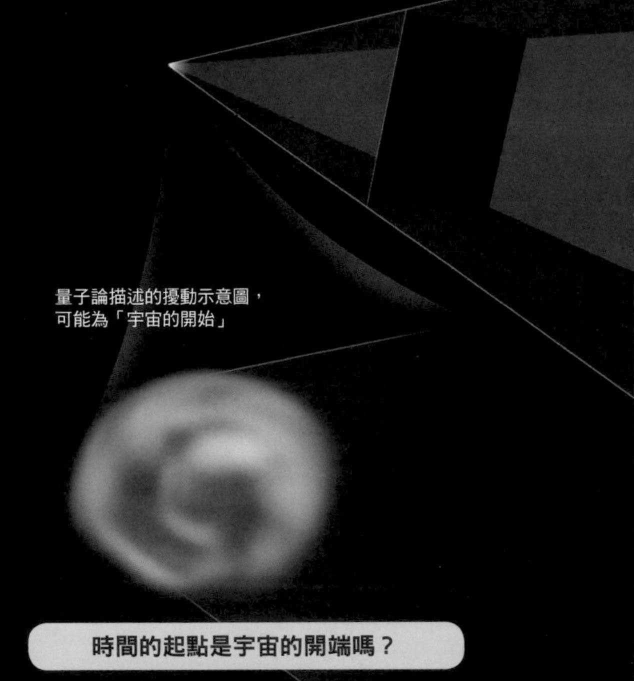

時間的起點是宇宙的開端嗎？

有多種假說嘗試說明宇宙誕生時的時間與空間。

宇宙的開始

回溯膨脹中的宇宙會得到一個微小的點。

霍金的「無邊界假說」

宇宙誕生前就已存在與空間沒有區別的「虛數時間」，這部分會再詳細介紹。

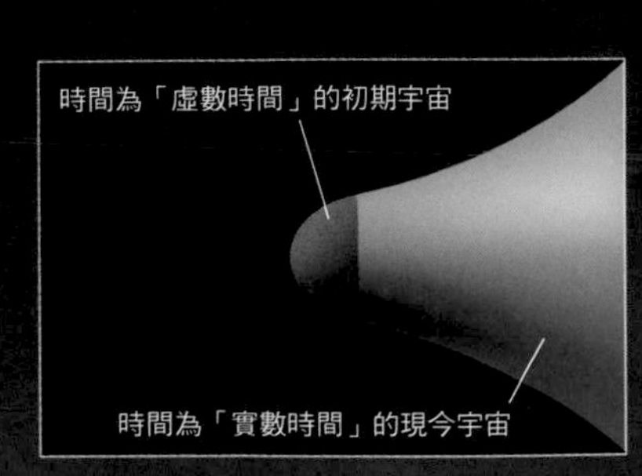

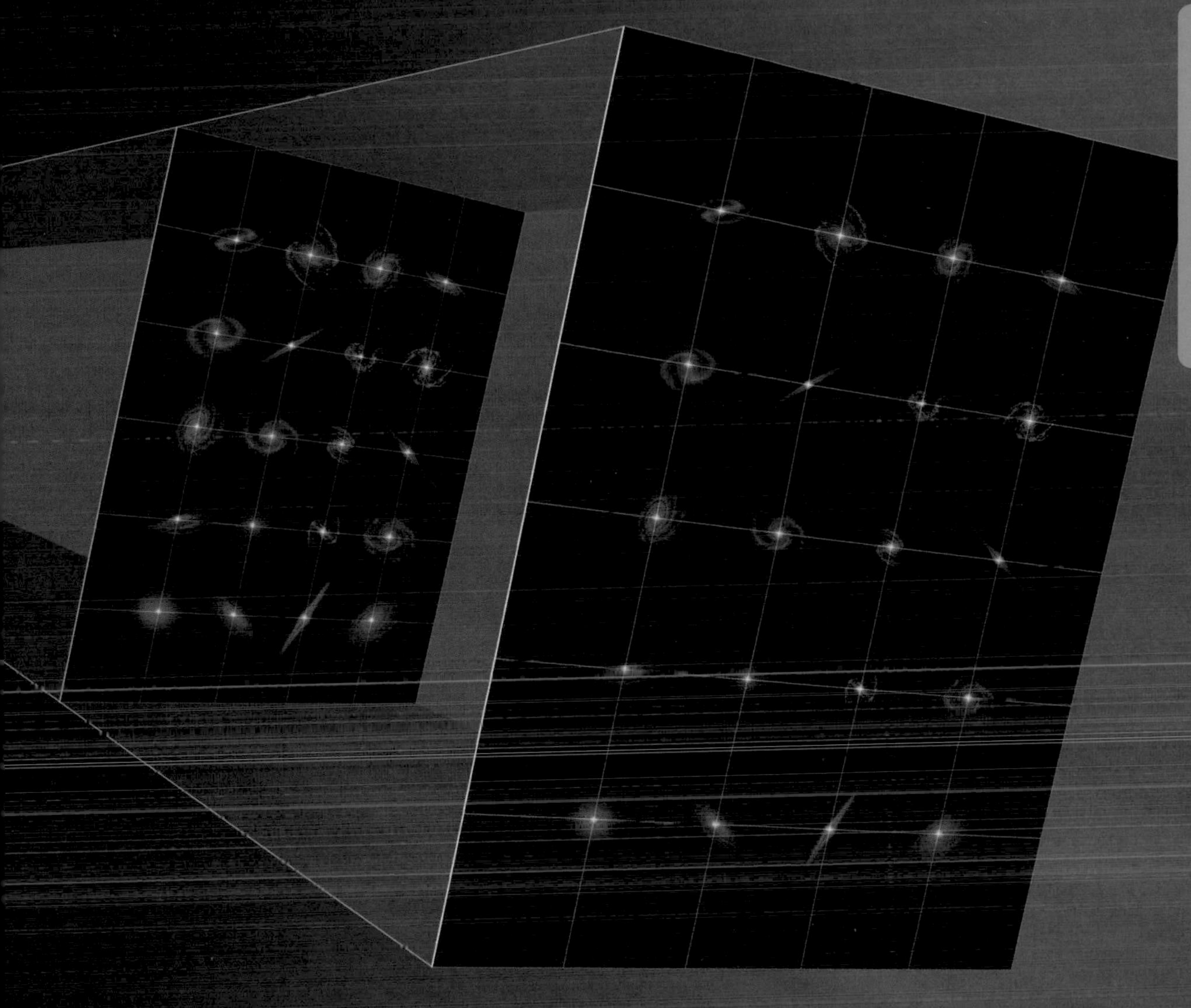

自我創造的宇宙模型

戈特博士提出的模型。他認為宇宙的開始是一個在未來與過去間循環的「時間迴圈」。

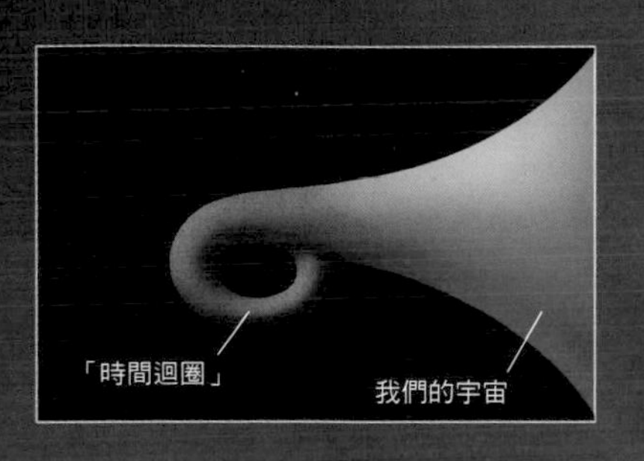

大反彈

根據「迴圈量子重力理論」，上個世代的宇宙收縮後會發生大反彈，成為我們所在宇宙的開端。

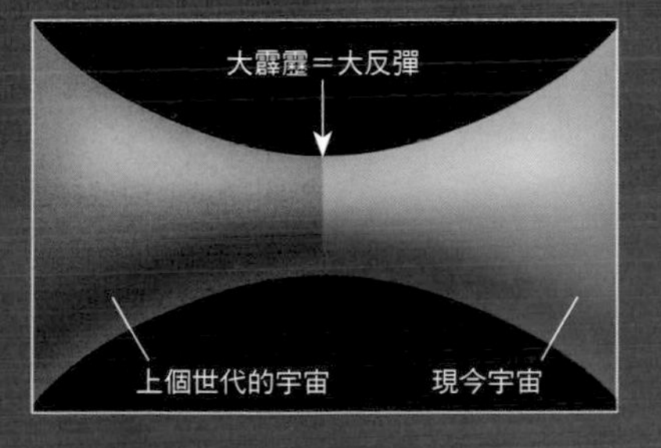

「宇宙多重誕生」理論

日本東京大學佐藤勝彥榮譽教授提出的理論。我們的宇宙可能誕生自「親宇宙」。

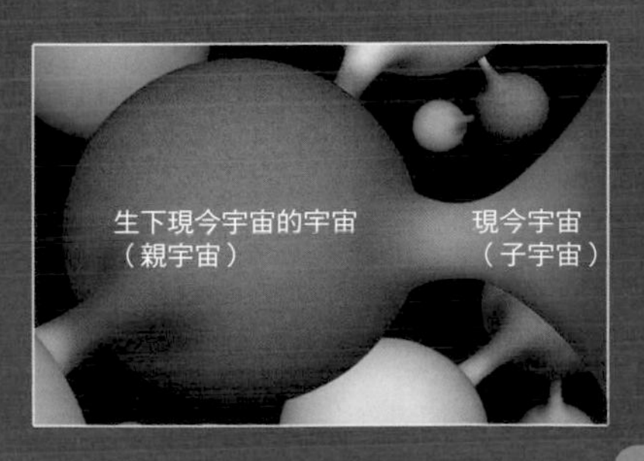

宇宙誕生自一個點

1922年，俄羅斯的數學家弗里德曼（Alexander Friedmann，1888～1925）嘗試利用廣義相對論計算未來的宇宙空間會出現什麼變化，而「宇宙將持續膨脹」即是他推導出來的其中一種可能。

到了1970年，知名英國物理學家霍金（Stephen Hawking，1942～2018）與數學物理學家潘洛斯（Roger Penrose，1931～）提出了更複雜的宇宙模型，試圖回溯過去的宇宙，理解宇宙空間會如何收縮。最後得到「在廣義相對論的框架下，若回溯膨脹中的宇宙，宇宙會逐漸收縮，最後塌陷成一個大小為零的點」的結論（奇異點定理）。

而最後這個點我們就稱為「奇異點」（singularity）。奇異點的體積為零，物質密度與溫度為無限大，且不適用現有的物理定律，所以無法說明宇宙誕生的瞬間發生了什麼事。

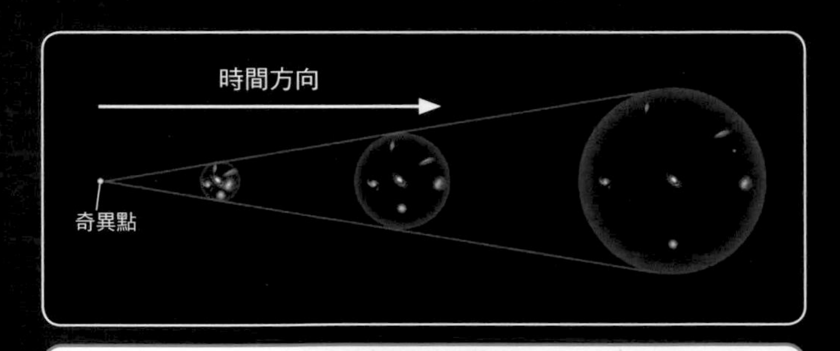

宇宙膨脹模型

插圖為弗里德曼由廣義相對論方程式推導出來的宇宙模型。宇宙自誕生起就一直在膨脹。

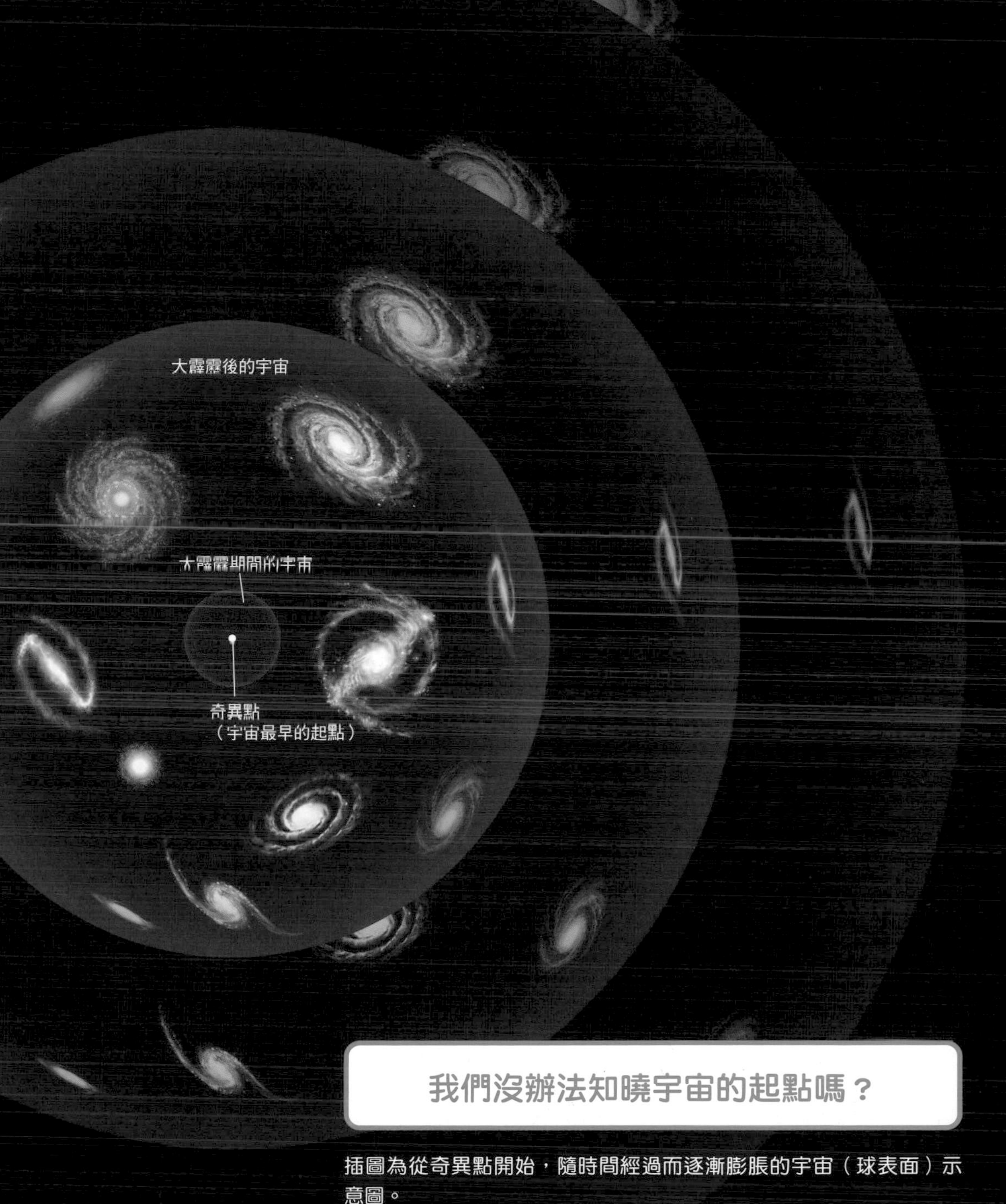

我們沒辦法知曉宇宙的起點嗎？

插圖為從奇異點開始，隨時間經過而逐漸膨脹的宇宙（球表面）示意圖。

這是由奇異點定理與廣義相對論推導出來的結果。霍金博士認為「只由廣義相對論無法說明宇宙誕生的瞬間」，於是引入了其他理論說明。相關內容將於次頁中介紹。

SECTION
44

反覆誕生與消滅的微型宇宙

Fluctuation

擾動

霍金博士把如何探索宇宙開端的問題著眼於「量子論」上。量子論是說明原子等微小物質行為的理論，其中與宇宙誕生密切相關的是「真空擾動」。

根據量子論的「測不準原理」(uncertainty principle)，微觀的自然界中，在我們無法認知的極短時間內（10的負20幾次方秒以下），連物質存在的本身都不能確定。即使是什麼都沒有的真空，兩個粒子也會莫名其妙地成對生成，隨後又馬上成對湮滅。

若在極短的時間內進行觀察，會發現連空間中的能量都不固定（能量與時間的不確定關係），這種物理狀態並不固定的情況稱為「擾動」。

根據相對論，能量可轉換成物質的質量，所以當某個位置在某瞬間出現高能量時，這個能量就會轉變成粒子，也就是生成粒子。但這個粒子也會馬上湮滅，變回原本的狀態。

這種在真空中粒子成對生成、成對湮滅的現象，也會出現在宇宙誕生時。

從「擾動狀態」中誕生的宇宙

插圖描述的是霍金博士與美國維連金博士（Alexander Vilenkin，1949～）分別提出的宇宙誕生假說。

當宇宙的尺度小於普朗克長度時，宇宙的存在處於擾動狀態，本身會反覆出現生成、湮滅現象。其中一個宇宙在極低的機率下持續膨脹（中央），最後形成我們現今所在的宇宙。

另外，圖中的波浪狀只是為了表現擾動的感覺，這種波浪並非實體。

宇宙的「卵」

膨脹中的宇宙

跨越能量之山的穿隧效應

從什麼都沒有的地方憑空冒出東西，聽起來是不可能的事，不過我們可以利用「穿隧效應」（quantum tunneling effect）來描述。

想像正在爬一座很高的山。爬山時需要很大的能量，不過在量子論支配的微觀世界中，很常發生「跨越原本不可能跨越、有如高山般的障壁」的現象。

如同前頁中所提，在極短時間內能量的大小並不確定，因此粒子可能在瞬間擁有非常大的動能，得以跨越原本無法跨越的「山」，這種現象便稱為「穿隧效應」。

事實上，宇宙誕生之際，穿隧效應扮演著非常關鍵的角色，次頁將詳細介紹。

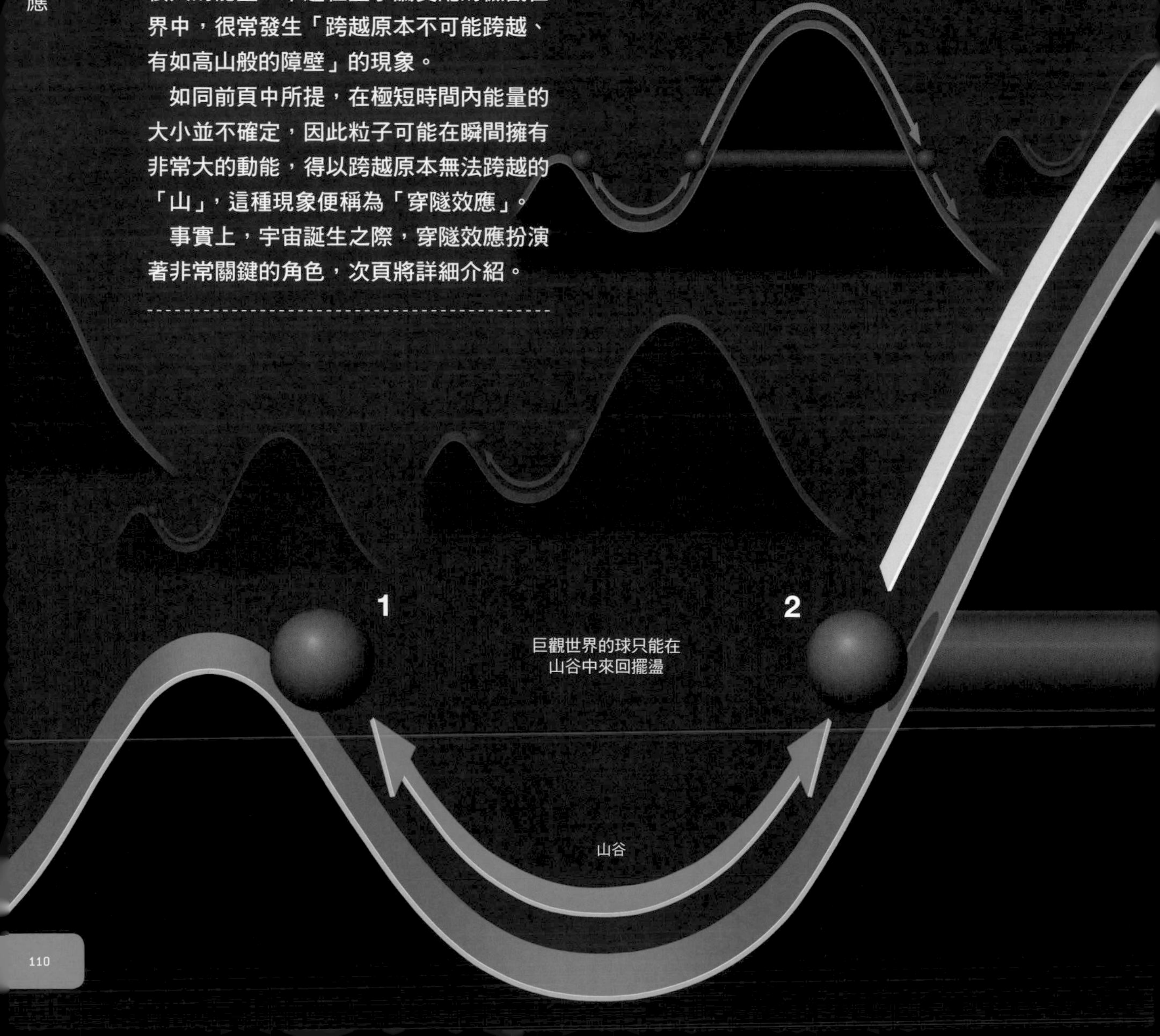

1

2

巨觀世界的球只能在山谷中來回擺盪

山谷

微觀粒子的神奇行為

想像一顆球從左側高處往谷底滾落，抵達谷底的球卻爬不上右側的山（**1**、**2**），這種現象在巨觀世界中很正常。不過在微觀世界中，粒子能在瞬間獲得很大的動能，直接抵達山的另一側（**3**）。

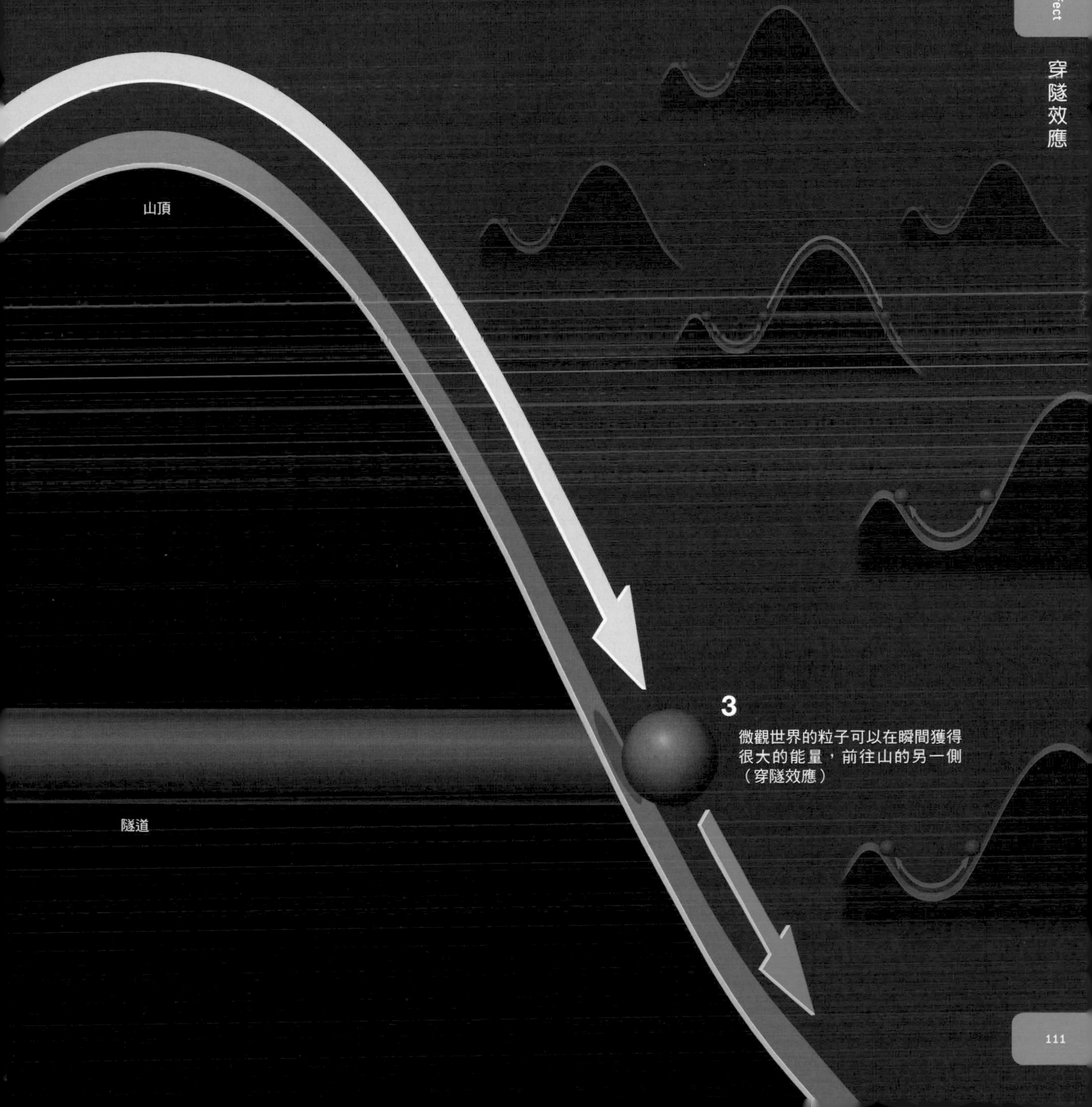

山頂

隧道

3

微觀世界的粒子可以在瞬間獲得很大的能量，前往山的另一側（穿隧效應）

從「無」開始的宇宙

如同前面所介紹，宇宙誕生之際有許多微小的宇宙，時而誕生、時而消失。維連金博士認為，宇宙會繼續變大或消失，取決於宇宙的大小。也就是說，較小的宇宙會立刻場陷，越大的宇宙則會急速膨脹。

要讓宇宙成長到能自然急速膨脹的大小需要很大的能量，也就是需要跨過「能量之山」。維連金博士認為，宇宙可透過「穿隧效應」跨過這個障壁。

經過計算，即使剛誕生的宇宙大小為零，也就是「無」，也會產生穿隧效應。1982年，維連金博士發表了「從無誕生的宇宙」假說，認為我們的宇宙可以從沒有空間與時間的「無」當中誕生。

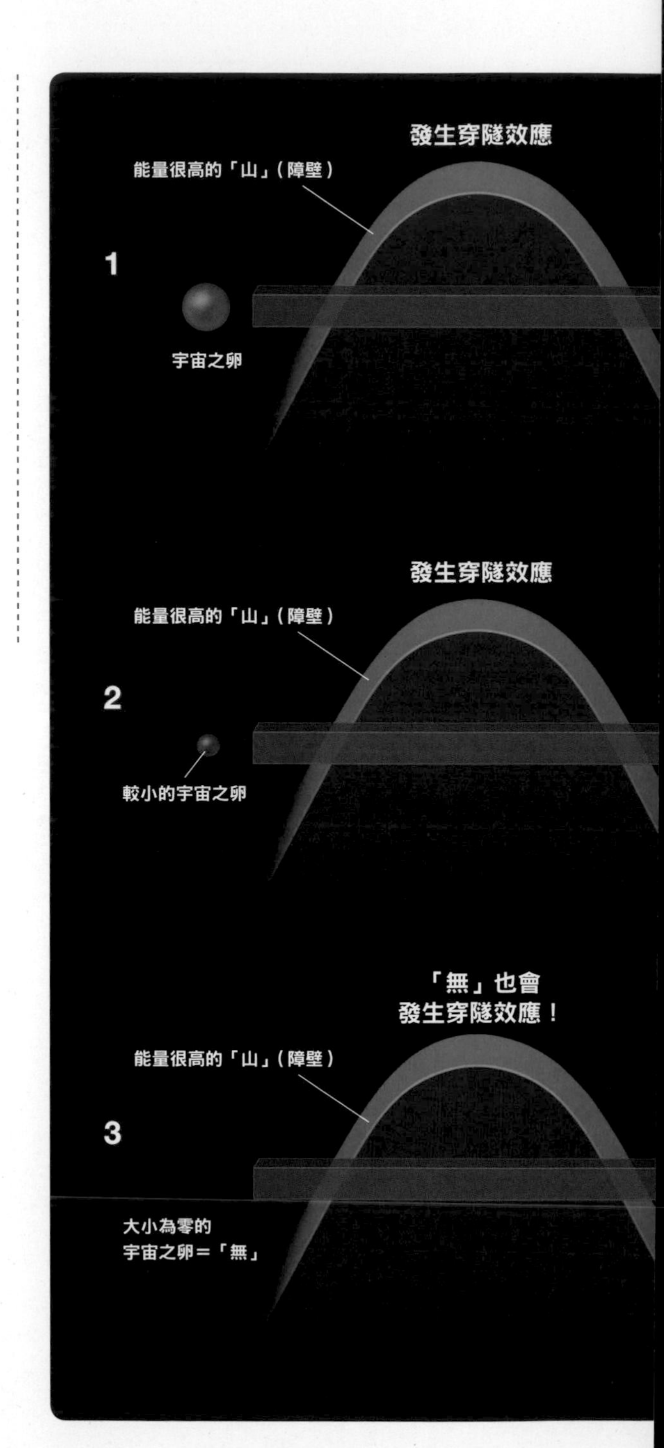

如果宇宙之「卵」很小……

維連金博士試著思考，若宇宙之卵很小，宇宙是否還會誕生（①～③）？結果發現，即使大小為零，宇宙之卵也有可能產生穿隧效應、急速膨脹，成為我們所在宇宙的樣貌。

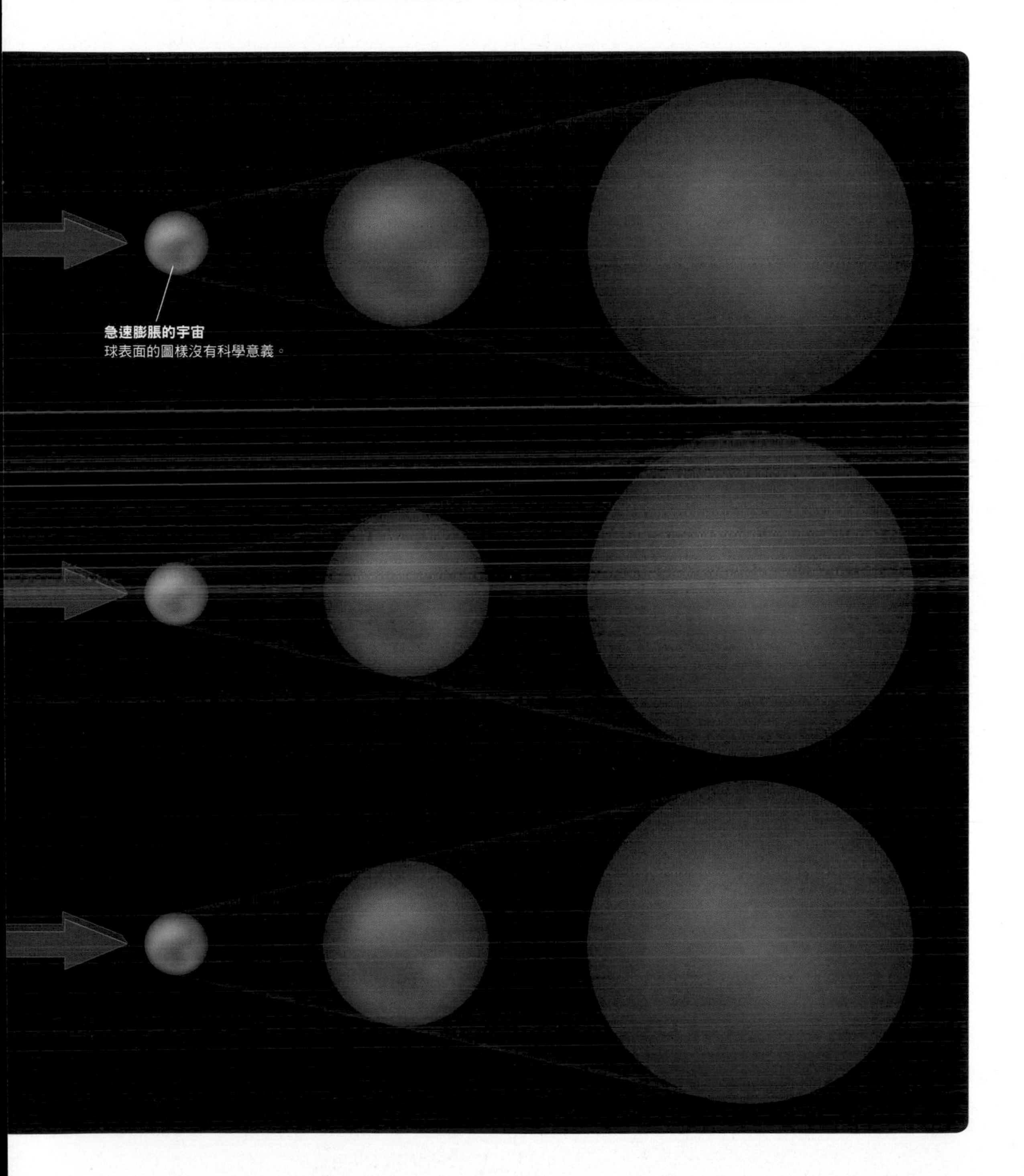

宇宙誕生於虛數時間的世界中？

「無」之所以能在穿隧效應下急速膨脹，成長為我們所知的宇宙，或許是因為它過的是「虛數時間」（imaginary time）。

虛數的性質與平常使用的實數不同。實數中除了零之外，任何數的平方都是正數，而虛數（純虛數）則是平方後會得到負數。

在虛數時間的世界中，受力物體的運動方向與實數時間相反。也就是說，實數時間的世界中，球會沿著山坡自然往下滾動，但在虛數世界中，球則會沿著山坡自然往上滾動。

試著把此概念套用在宇宙誕生的瞬間。剛生成的宇宙轉變成急速膨脹的宇宙時，需跨越相當高的「山」（能量障壁），但這座「山」在虛數時間下則相當於「谷」，所以宇宙之「卵」可以輕而易舉地轉變成急速膨脹的宇宙。

也就是說，如果宇宙過的是虛數時間，就能簡單說明為什麼會發生穿隧效應了。

大小為零的宇宙之卵

虛數時間世界中的「山」會變成「谷」

假設宇宙誕生瞬間過的是虛數時間，宇宙之卵前方的「山」可視為「谷」。宇宙之卵沿著「谷」下降後可輕鬆抵達「另一側」，之後宇宙之卵開始急速膨脹。

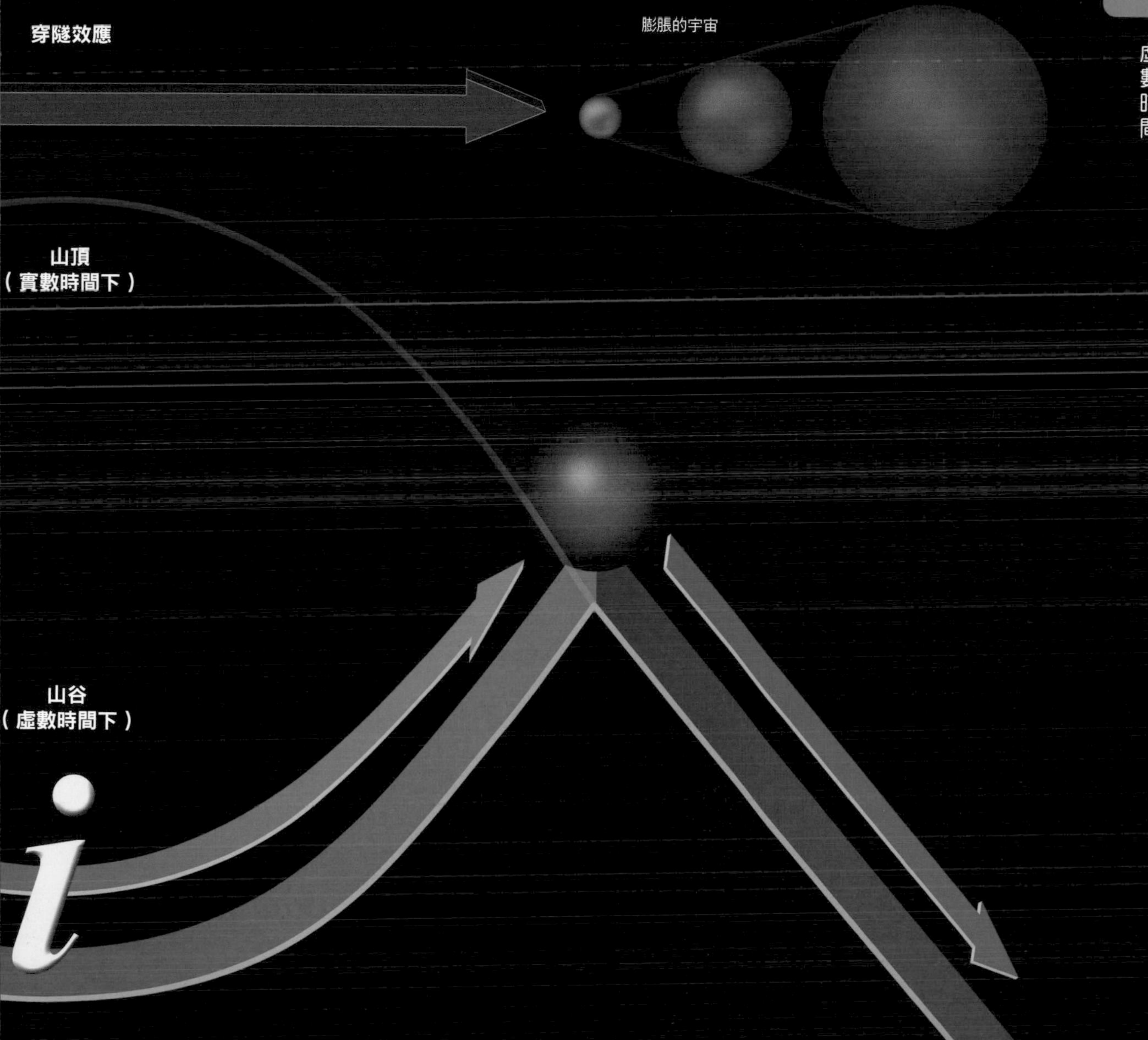

虛數時間使宇宙不存在起始點

透過廣義相對論推導出的模型框架下，宇宙是從一個「奇異點」誕生。但這個特殊的點不適用物理學的計算，所以無法說明宇宙誕生的瞬間發生了什麼事。

而虛數時間則解決了這個問題。在過著實數時間的世界當中，空間與時間是不同的概念，不過，在過著虛數時間的世界中，空間與時間在計算上屬於同一層次。

如果宇宙誕生時的空間與時間等價，宇宙的開端則不是一個奇異點，而是一個與宇宙其他時期毫無區別的狀態。例如南極點位於地球最南端（相當於宇宙起始點），但南極點與地球上其他點（相當於宇宙起始點以外的點）可視為等價的存在，這個假說稱作「宇宙無邊界論」（no-boundary theory）。

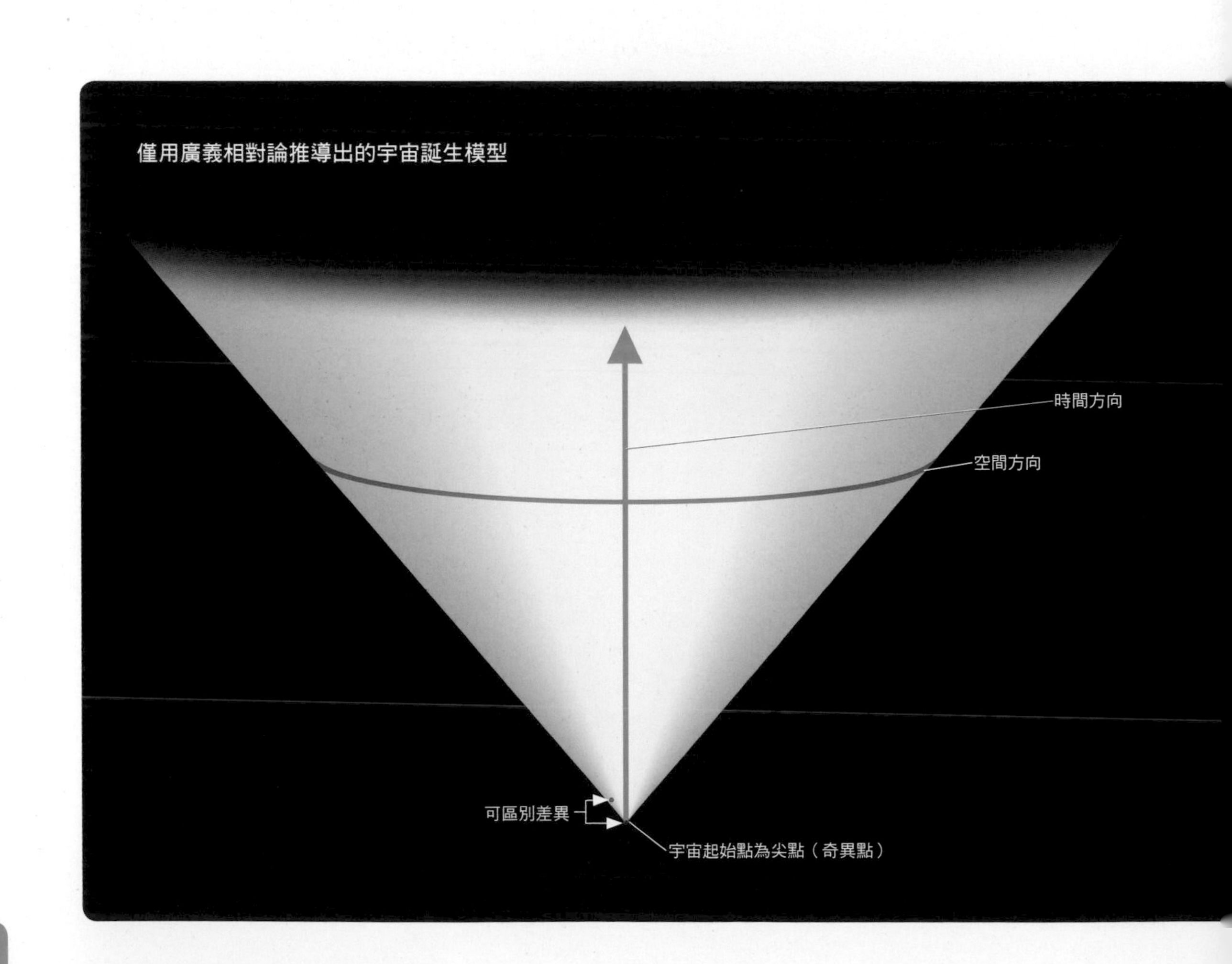

圓滑的宇宙開端

圖示為只依據廣義相對論所建立的宇宙誕生模型，以及納入量子論所建立的宇宙誕生模型，兩者「樣貌」的比較。表示宇宙各個時期的空間之環，由下依序往上疊合。

在只依據廣義相對論所建立的宇宙誕生模型中，宇宙的開端會成為一個特別的奇異點，以至於無法用物理學計算出宇宙誕生的瞬間。

但納入量子論所建立的宇宙誕生模型之後，藉著把虛數時間導入宇宙誕生的瞬間，空間和時間就沒有區別了，於是底部形狀變得平坦。這麼一來，宇宙的開端就和其他時期沒有什麼區別，依此得到的結果，有望解答宇宙誕生之謎。

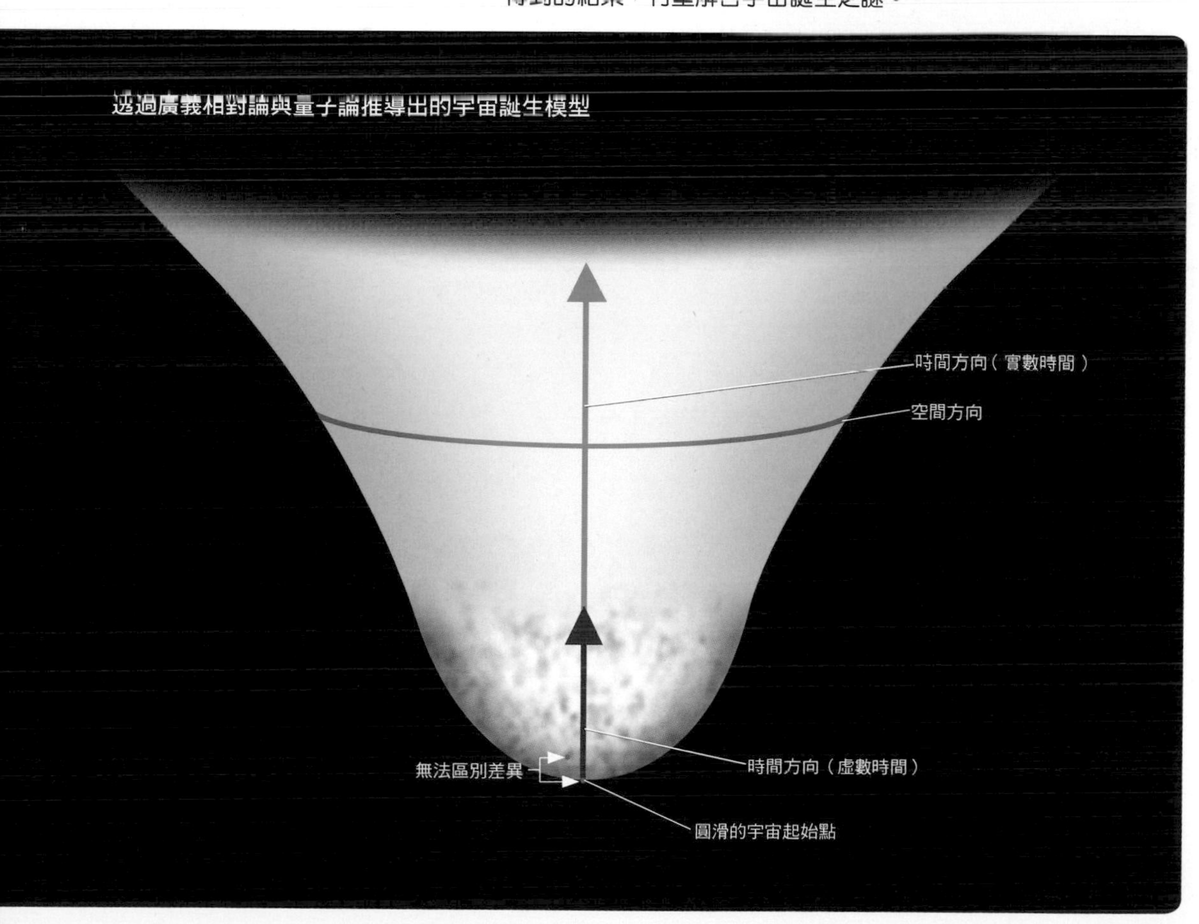

說明宇宙誕生瞬間的超弦理論

宇宙誕生的瞬間發生了什麼事？如果一直往前回溯，宇宙中所有物質會聚集在很小的點上。若要研究這種狀況，一般認為需使用整合廣義相對論與量子論的「量子重力理論」。

量子重力理論中，最多人認可的理論為「超弦理論」（superstring theory），此理論假設基本粒子都是「弦」。

基本粒子指的是「無法再被分割的最小粒子」。原子內包含構成原子核的質子與中子，兩者又分別由更小的基本粒子「夸克」（quark）聚集而成。另外，原子核周圍的電子也是基本粒子。

過去，科學家將基本粒子視為各種沒有大小的點。而在超弦理論下，將所有基本粒子放大後得到粗細為零、長度約為10^{-32}公分的弦。

這裡說的弦只有一種，不管是哪一種基本粒子都是由這種弦構成，且依據弦的振動方式，可決定基本粒子的性質。超弦理論認為，由於弦太過細小而無法看到它振動的模樣，故只能觀察到各種基本粒子。

有一種宇宙誕生模型就是奠基於此理論，次頁將介紹相關內容。

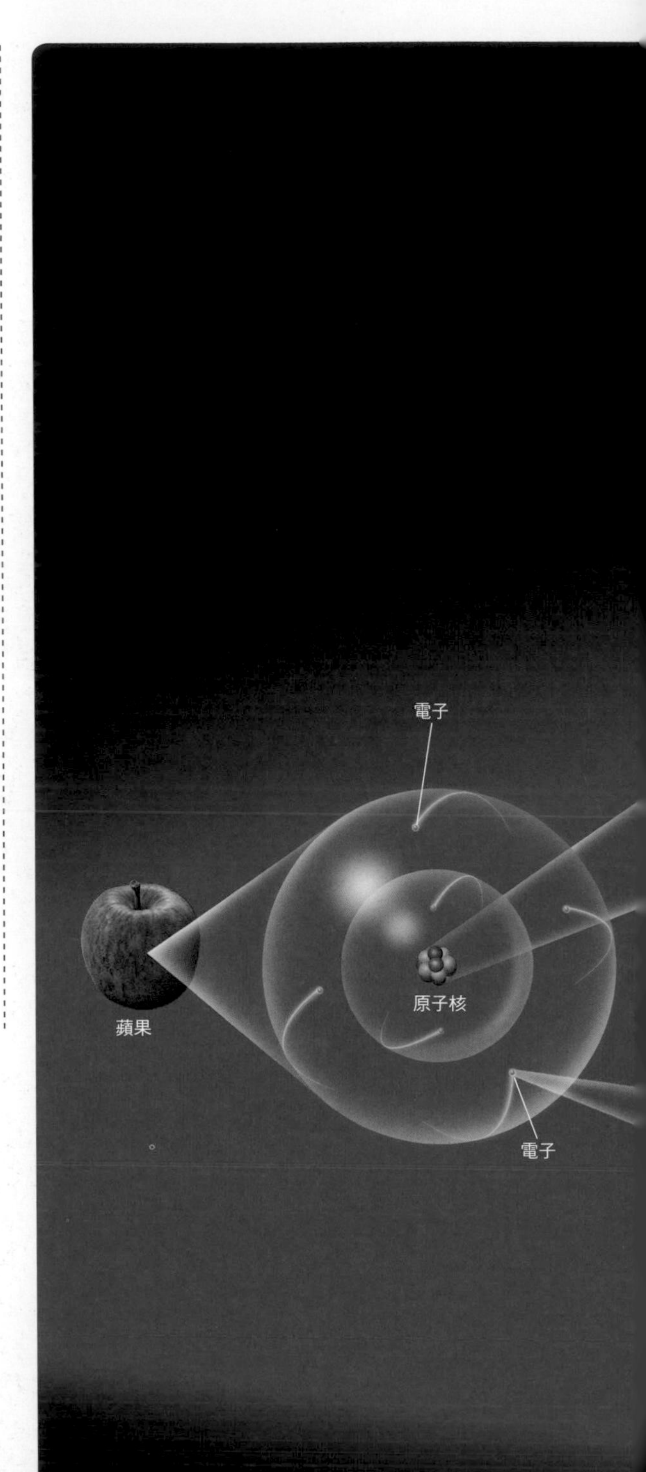

所有物質都是由「弦」構成的嗎？

舉例來說，構成蘋果等物體的碳原子擁有電子等基本粒子。在超弦理論中，電子由弦構成。另外，構成原子核的質子或中子，皆由名為「夸克」的基本粒子構成，且夸克也可以用弦表示。電子與夸克的弦屬於同一種，但因為振動方式不同，所以看起來是不同種類的基本粒子。

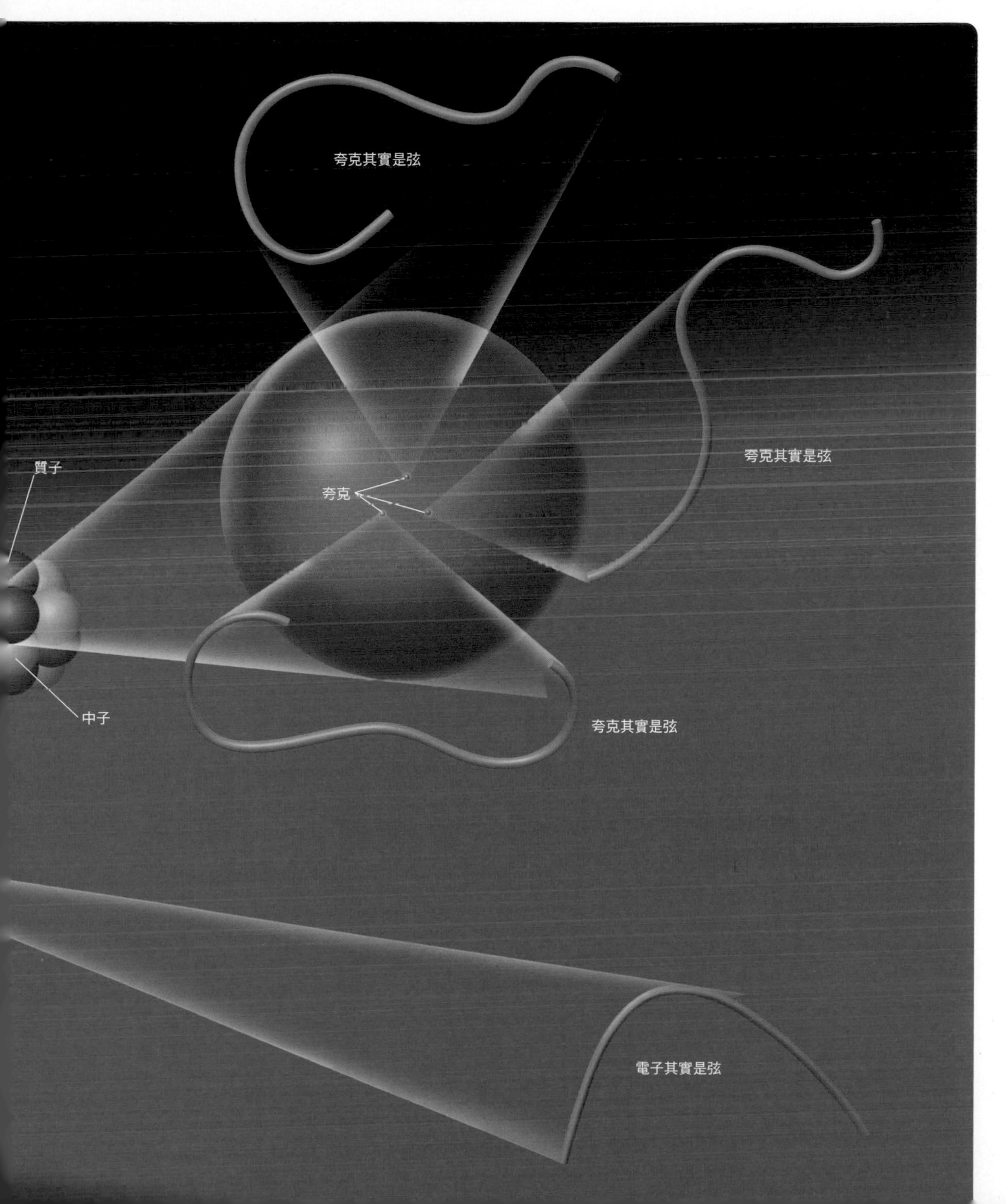

一開始存在的宇宙稱為「親宇宙」。在某個時間點，親宇宙空間內的一個小區域誕生了一個「子宇宙」。子宇宙內的物理定律與親宇宙不同，並逐漸擴張開來。

子宇宙逐漸擴大，不過因為親宇宙同時也在擴張，所以子宇宙並不會佔滿整個親宇宙。

後來子宇宙內部又誕生了一個孫宇宙，且同樣不斷擴張。就像俄羅斯娃娃，新的宇宙陸續從內部誕生。

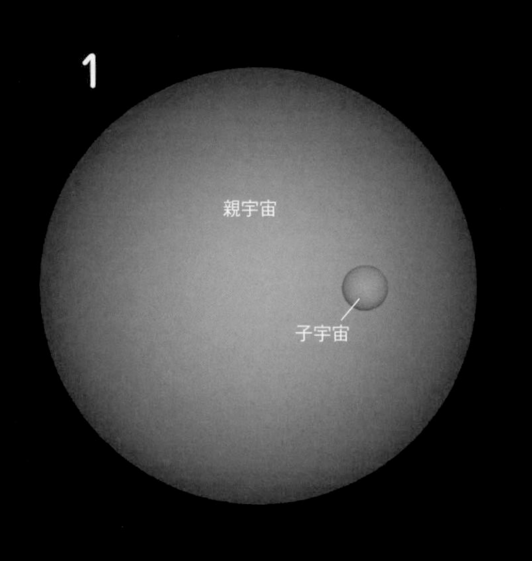

位於「山谷」，相對穩定的宇宙

位於「山谷」，相對穩定的宇宙

往「谷」移動的宇宙

插圖為「子宇宙在親宇宙中誕生」的示意圖。圖中「布幕」的起伏表示真空中的能量高低。縱軸與橫軸為決定宇宙特徵的某些參數值（例如電子質量、電磁交互作用強度等）。

如同俄羅斯娃娃，子宇宙會在親宇宙中誕生。宇宙的誕生過程相當於宇宙從布的「谷」（相對穩定的宇宙）移動到更低的「谷」。當宇宙抵達穩定的谷時，就會從親宇宙中誕生子宇宙。

計算結果顯示，這塊布中至少有10^{500}個谷，顯示存在許多物理定律各不相同的宇宙。這個起伏劇烈的「布」稱為「弦論地景」（string theory landscape）。

宇宙中誕生出其他宇宙

原本的宇宙空間（親宇宙）中，其中一小塊區域會誕生出新的宇宙（子宇宙）（**1**）。雖然子宇宙不斷膨脹，但親宇宙同時也在膨脹擴張。之後子宇宙內的一小塊區域又會誕生出新的孫宇宙（**2**～**3**）。

科學家猜想，在我們宇宙的初期會不會也曾誕生出子宇宙呢？如果之後還想再看到新宇宙誕生，或許得等超過宇宙年齡（138億年）這段漫長的時間才會知道了。

這種時空觀念稱作「宇宙地景」。

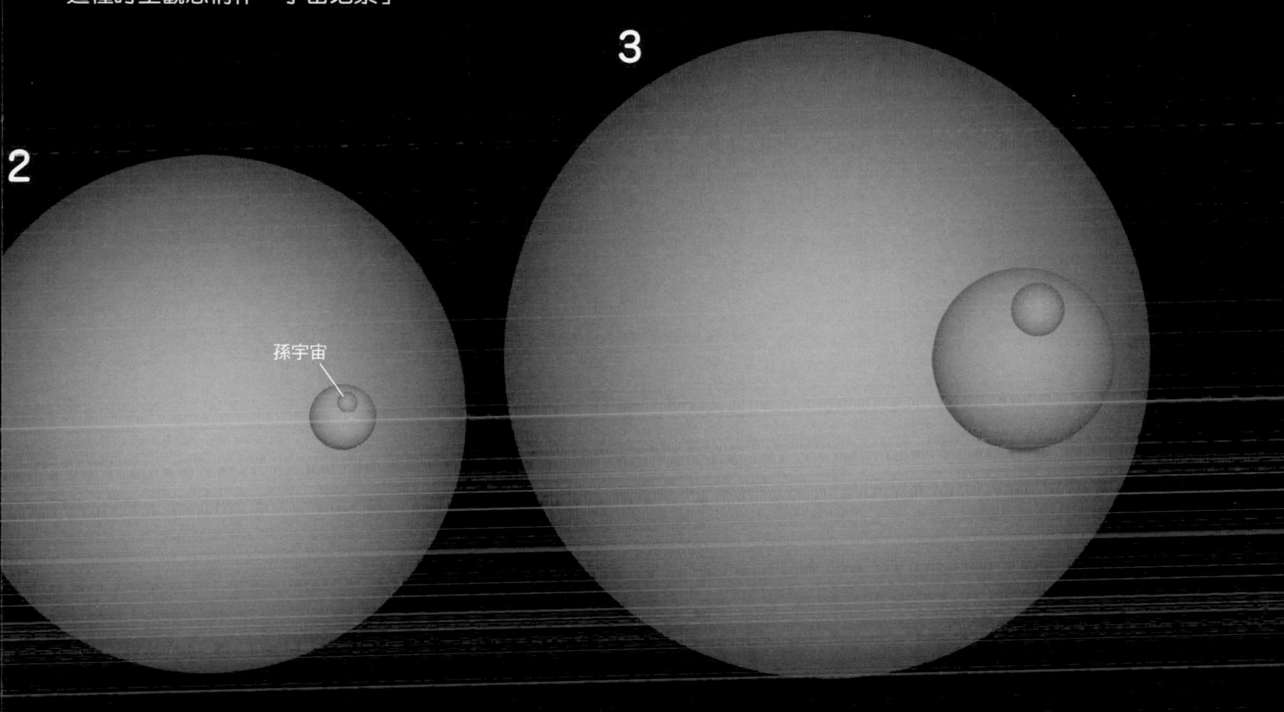

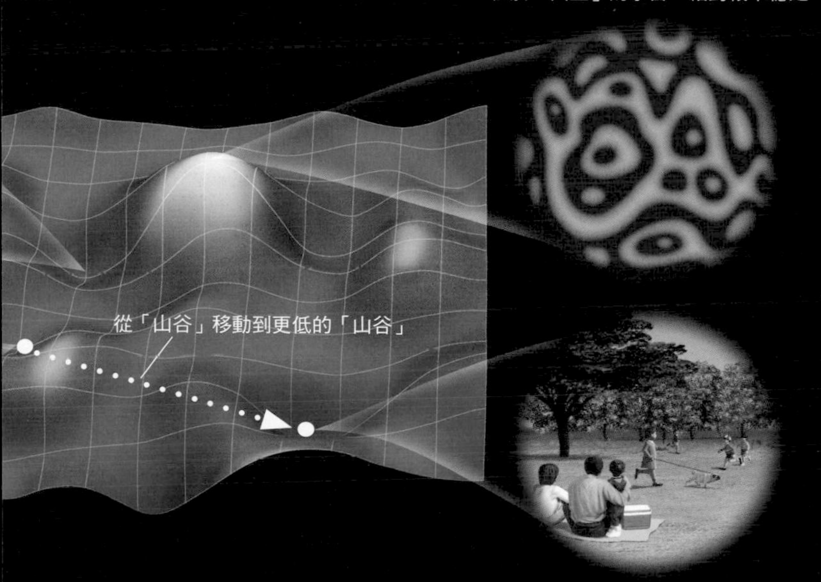

貫穿宇宙的時矢

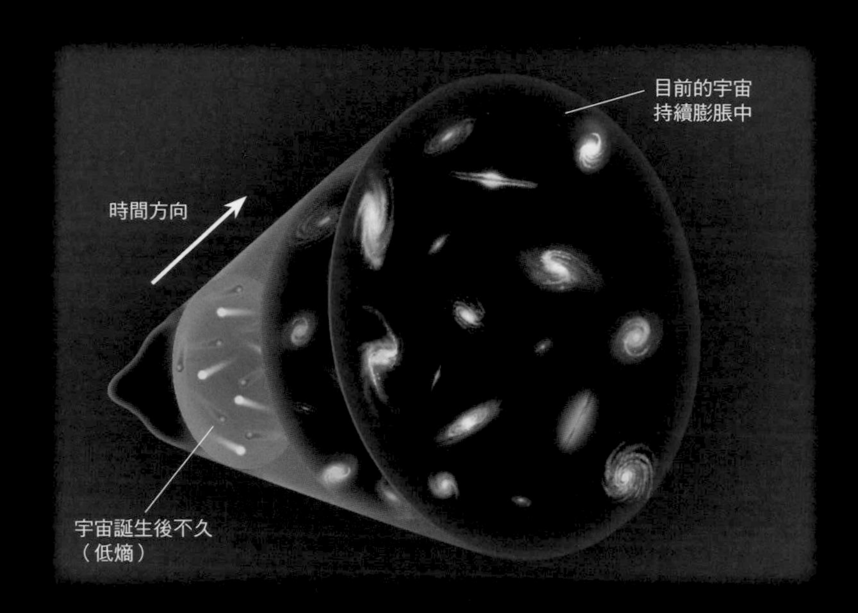

因為宇宙的低熵，生命才得以存在

在下一頁中也會提到，當宇宙整體的熵值達到最大值後，不會再產生任何變化（平衡狀態），代表宇宙的死亡。相反地，因為宇宙在低熵值狀態下誕生，且持續膨脹至今，仍未達成平衡，許多地方仍處於低熵值狀接著來看看宇宙終結時的樣子吧。首先把焦點放在Part 1中介紹的「時矢」。時矢會從過去往未來流逝，表示時間的單一方向性，並貫穿整個宇宙。

在不受外界影響的封閉空間（系統）中，隨著時間的經過，熵值必定會持續增加（熵增定律）。然而地球會受到太陽與月球等外界事物影響，同時也會朝著太空釋放熱能，並不是封閉系統。因此，熵增定律並不適用於地球整體。

不過，如果將整個宇宙視為一個封閉系統，熵增定律則得以成立。貫穿整個宇宙的「時矢」，說明了「隨著時間的經過，宇宙整體的混亂程度、無秩序程度也會逐漸增加，絕對不會變小」。

宇宙的熵值正在增加

氣體因重力而聚集在一起後會開始進行核融合反應，往周圍釋放出熱（恆星的誕生）。失去能量的氣體會因為重力而收縮，造成密度上升，使溫度進一步升高。也就是說，雖然將熱能釋出到外部，恆星本身卻也因重力效應而升溫（高熵值），最後恆星收縮成黑洞（熵值更高）。所以恆星與黑洞大量存在的現今宇宙，熵值比剛誕生的宇宙更高。宇宙在成長的過程中熵值也會持續增加。

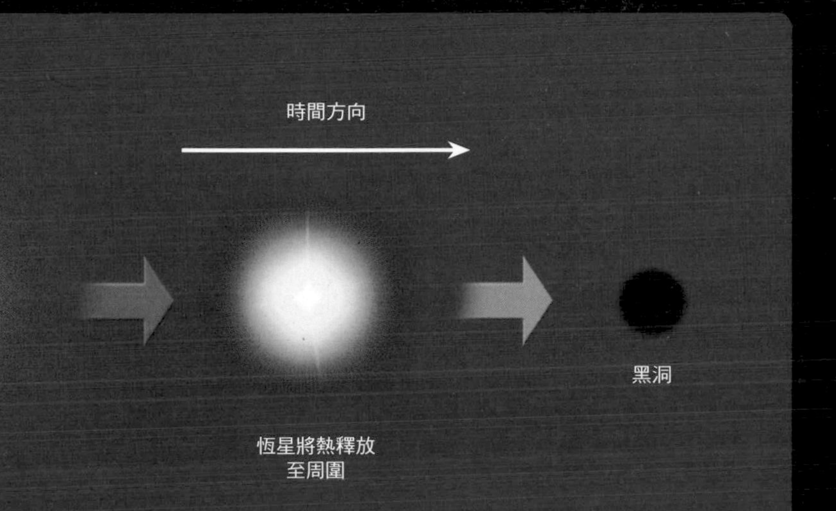

熵值持續增加而邁向死亡的宇宙

當熵值增加到極限時，宇宙會出現什麼變化呢？19世紀時，科學家認為當熵值到了極限，全宇宙的溫度會趨於一致，不再發生任何變化，進入熱寂（heat death）的狀態。依據目前的宇宙論，持續膨脹中的宇宙會在10^{100}年後迎來熱寂的結局。不過，在那之後宇宙是否還會繼續膨脹下去，則還沒有明確的答案。

進入熱寂狀態的宇宙不再產生任何明顯的變化。在那樣的世界中，時矢還會存在嗎？這個問題與「熵值的增加是否等於時矢？」以及「時間的本質究竟為何？」等問題密切相關，科學家們現階段還無法回答。

不過，目前的物理學認為，即使是熱寂狀態中的的宇宙，仍存在符合相對論的「時空」概念。

宇宙的終結

熵值達到最大時，所有東西「被打散」的宇宙中已不存在星體或黑洞。在又暗又冷的廣大宇宙空間中，只會飄盪著一小部分的基本粒子。

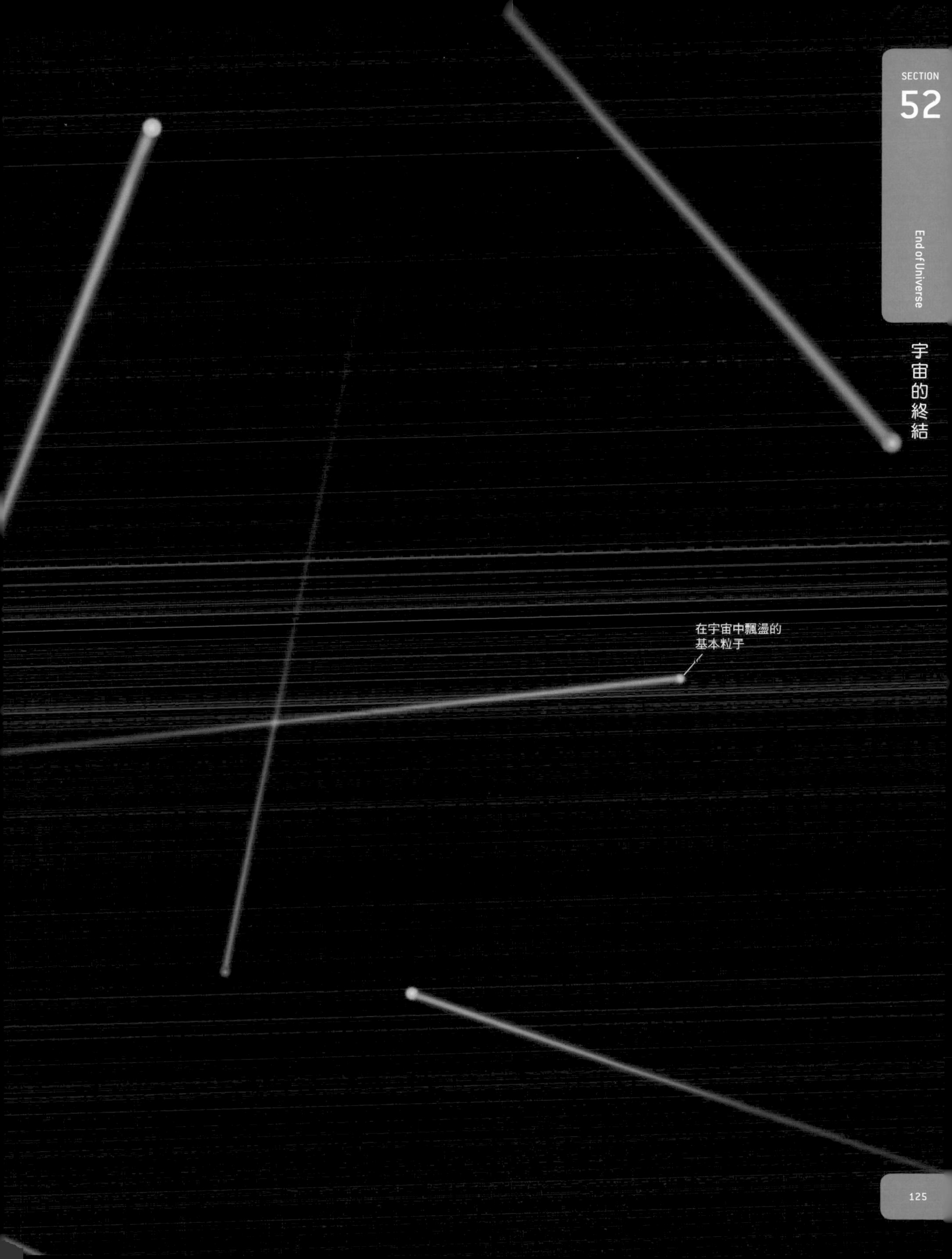

在宇宙中飄盪的
基本粒子

時間有終點嗎？

宇宙沒有終點嗎？

有些科學家認為，現在的宇宙會持續膨脹下去，所以宇宙沒有終點。而因為宇宙沒有終點，所以時間也沒有終點。

這種情況下，宇宙最後會轉變成每個地方都又暗又冷的「熱寂」世界（前頁）。這個熱寂世界可以視為時間的終點。

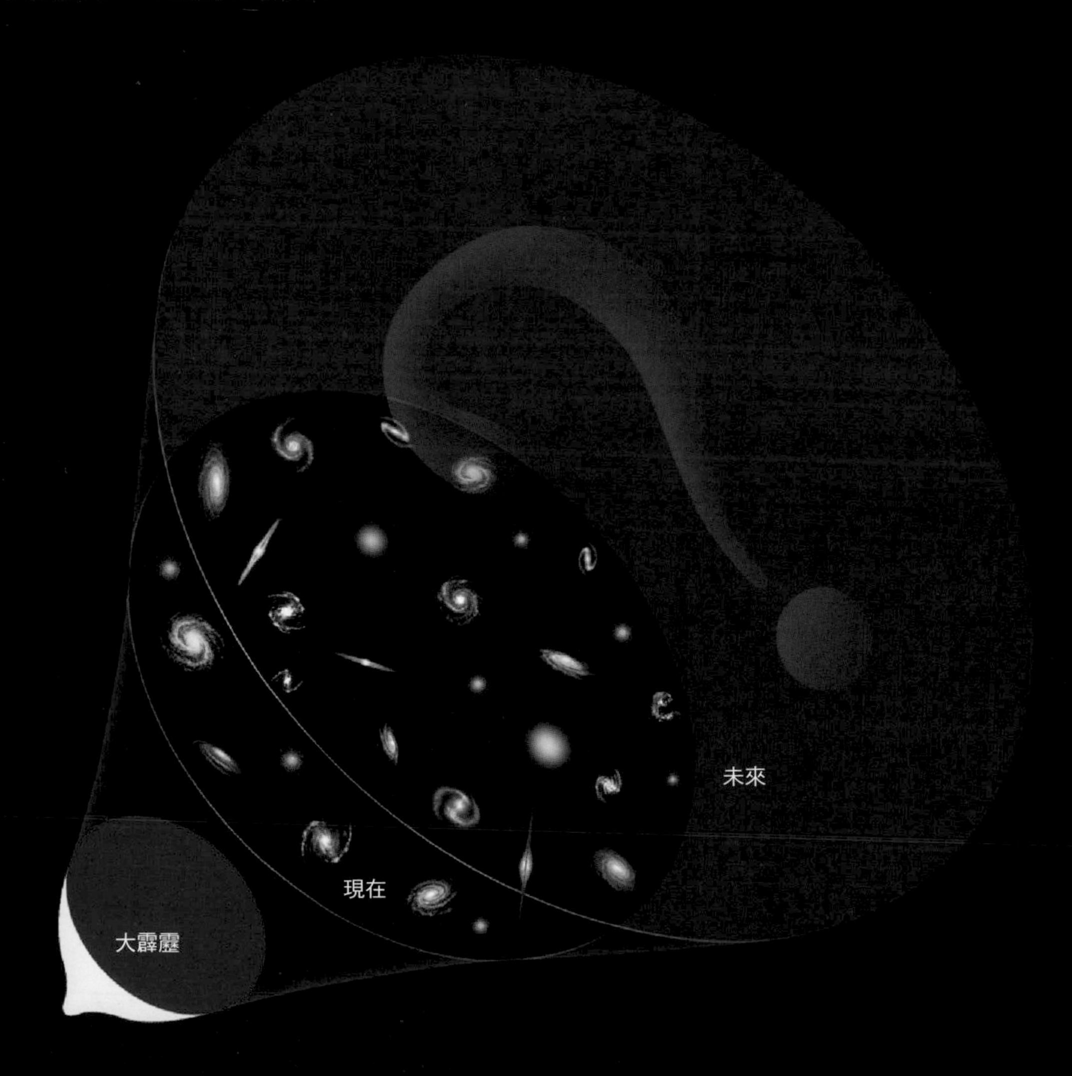

目前宇宙正在持續膨脹中，因此可反推宇宙剛形成時，集中在一個小小的點上。現代物理學的標準理論中，將時間與空間視為一體（時空），這個點同時也是宇宙及時間的起始點。而宇宙的終點也可視為時間的終點。關於宇宙的終點主要有兩種說法，其一是宇宙永遠不會結束，另一個則是總有一天會結束。

基於目前觀測到的事實，「宇宙會像過去一樣持續膨脹下去，沒有結束的一天」的說法比較可信。不過，未來的觀測結果也可能會改變此說法。

宇宙是否會持續膨脹？答案的關鍵在於「暗能量」(dark energy)。暗能量是支配宇宙膨脹的「某種東西」，本質仍不明。一般認為暗能量是宇宙空間本身含有的能量，但無法直接觀測到，所以稱呼其為暗能量。暗能量會決定宇宙與時間的未來。

宇宙何時會結束？

另外有科學家認為，到了某一天宇宙會從膨脹轉為收縮，最後整個宇宙會收縮到一個點上。而宇宙收縮成一個點也就代表著宇宙的終點，也可以說是時間的終點。

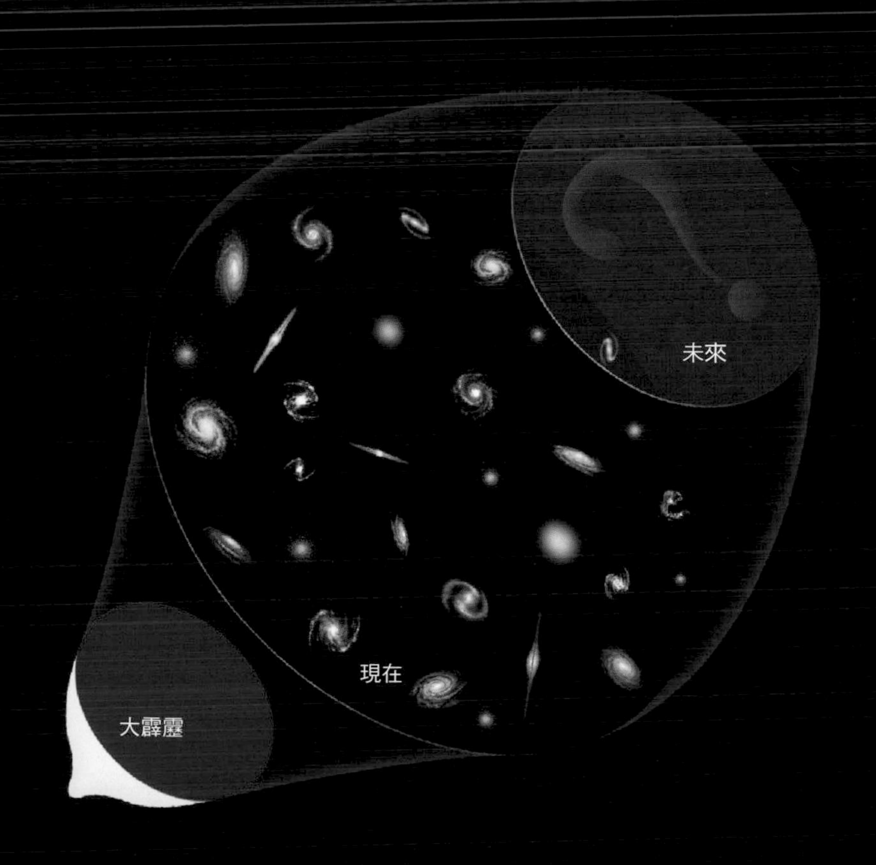

COLUMN

宇宙的三種結局

除了熱寂之外，還有幾種宇宙的結局。根據科學家的研究成果，目前的主流看法是，宇宙的結局取決於充滿宇宙空間的神祕「暗能量」。

如同前面介紹，宇宙正在持續膨脹中。不過一般認為即使宇宙空間持續膨脹，暗能量的密度也不會改變。然而，我們無從得知暗能量的密度到底是完全不會改變，還是會一點一點地改變。總之，暗能量的密度在宇宙膨脹時會如何改變，決定了宇宙的結局。

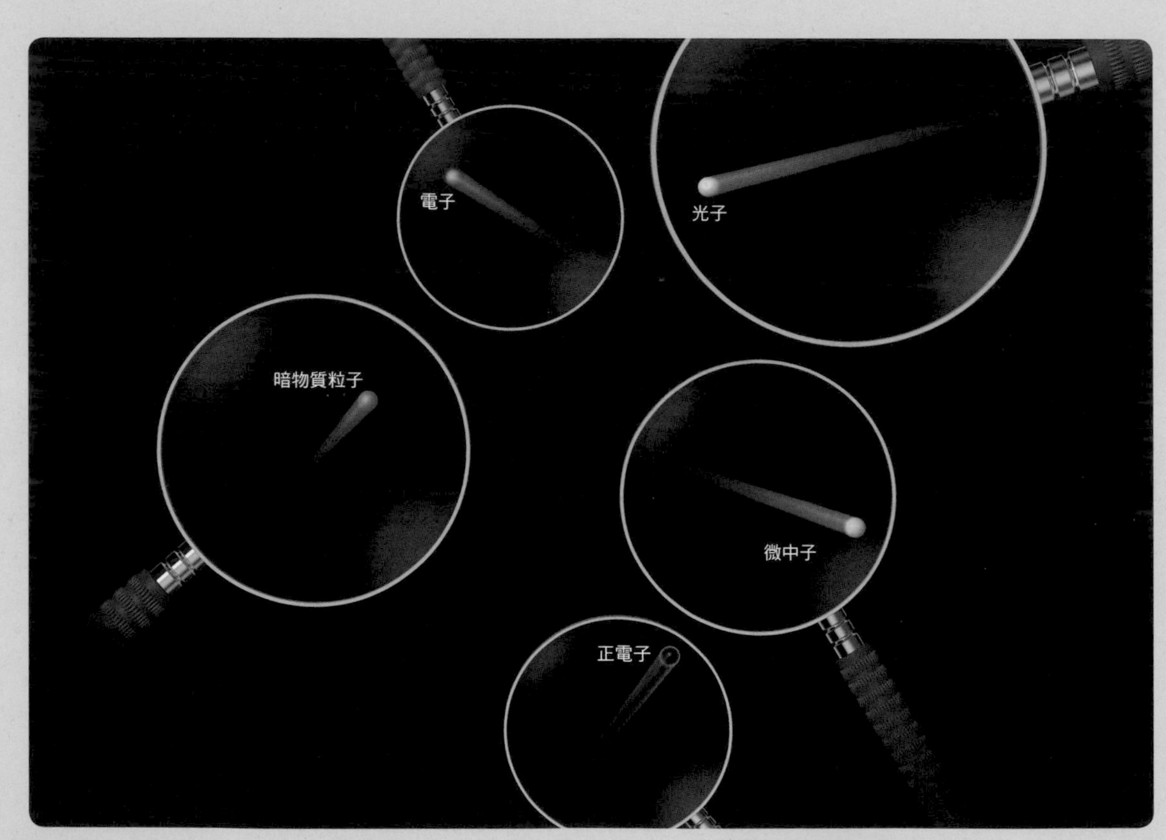

若密度不變

若暗能量的密度保持一定，質子會在10^{34}年後衰變成其他粒子，原子也相繼消失。10^{100}年後，宇宙只會剩下幾種基本粒子四處飄蕩。在這之後宇宙將不再發生任何變化，所以時間已無意義，這或許可以說是時間的終結，也稱為「大凍結」（big freeze）。

順帶一提，這是與熱寂狀態類似的另一個理論。

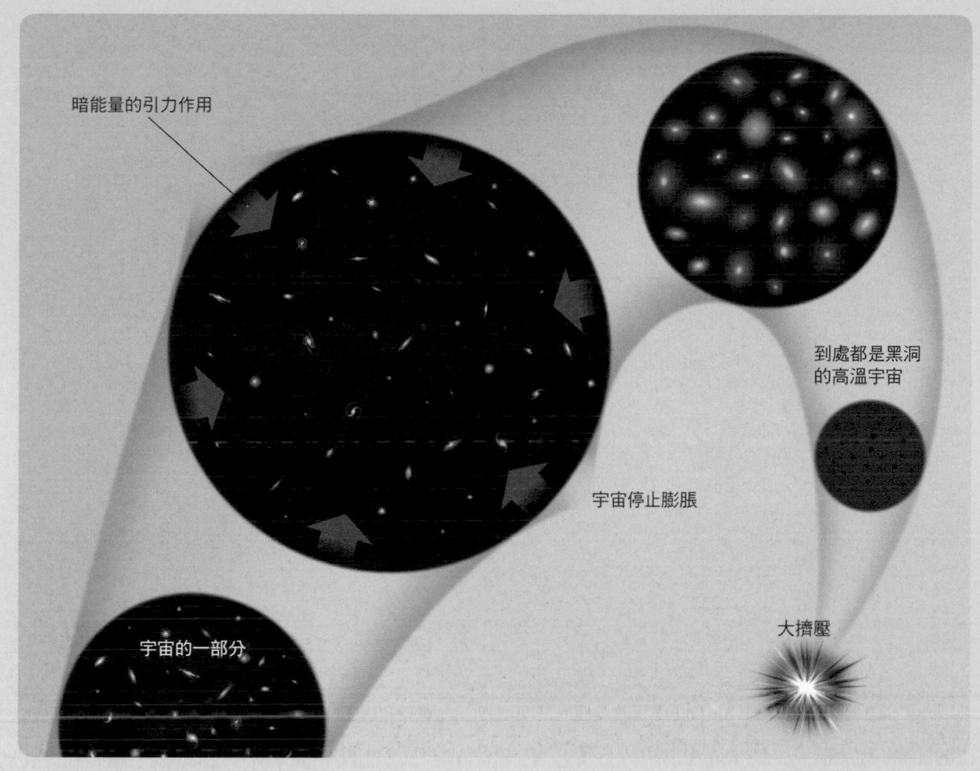

若密度持續減少

若暗能量的密度急遽減少，則會延緩空間的膨脹作用。如此一來宇宙就會停止膨脹，並轉為收縮。於是黑洞會吞噬星系，繼而巨大化，融合在一起。而且隨著收縮的進行，宇宙會進入超高溫狀態，最後使宇宙空間塌陷成一個點，迎來最終稱為「大擠壓」（big crunch）的結局。

若密度持續增加

若暗能量的密度持續增加，宇宙膨脹效應會超過星系間的重力，使星系團被撕裂，構成星系的恆星、太陽系、行星系也會陸續被撕裂。地球等行星上的物質，以至於原子、原子核也會開始膨脹、崩毀。所有結構都會因為空間的膨脹而被撕裂，且空間的膨脹速度會一直增加無限大，宇宙終結迎來稱為「大撕裂」（big rip）的結局。

3
SUN MON TUE
6 7
13
20

5

時鐘與曆法

Clock and calendar

SECTION 54

由星體運動得知時間

古代人是如何紀錄時間的呢？他們會透過星體的運動，掌握時間的流逝，因此在空中巡迴的星體就是他們的「時鐘」。

古埃及人以全天空最明亮的恆星 — 天狼星（Sirius）— 為標準，將天狼星於正東方地平線上日出升起的那一天，訂為一年的第一天。正確掌握季節變化便能預測尼羅河氾濫的時期、播種的最佳時期，具有十分重要的意義。

另外，古埃及人將一天分成白天與黑夜，再將白天與黑夜分別分成12等分，以決定「1小時」的長度。不過，由於夏季的白天比冬季長，所以夏季的1小時較長。

對於當時的人們而言，1小時的長度並非恆久不變，而會隨著季節而變動。日本在江戶時代使用的也是會隨著季節變動的時間制度，稱為「不定時法」。此分法將白天與夜晚分別分成6等份，1等份為2小時，即為1刻。而區分晝夜的基準，一般都是從日出前的30分鐘為晝，日落後的30分為夜，隨著季節，1刻的長度也會隨之變化。

古埃及的一年之始

插圖是依當時的曆法，從吉薩金字塔西側瞭望「新年曙光」的想像圖。

距今4000年以上的古埃及人已經知道，當大犬座的一等星天狼星於黎明前從東方地平線升起時，就是尼羅河的氾濫時期。所以古埃及曆法就將這天（約為現代曆法的7月下旬）訂為1年的開始。

地球的自轉與「1天」

地球約每24小時自轉一圈。埃及與羅馬等古代都市都會設置細長的方尖碑作為日晷。北半球的日晷影子會往右旋轉，這也是順時鐘方向的由來。

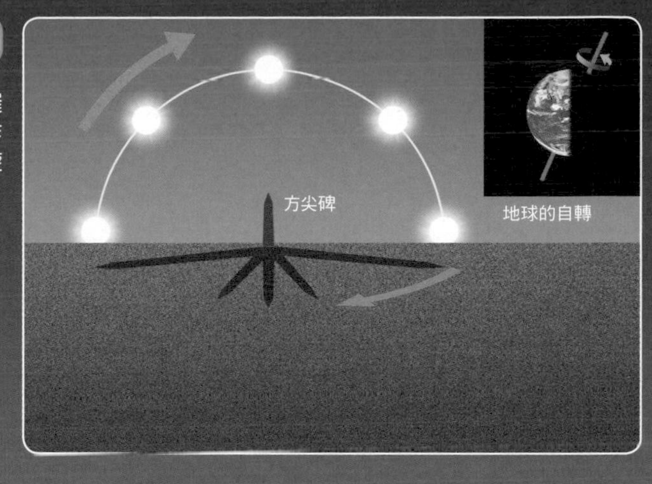

獵戶座

冬季大三角

天狼星

用單擺計算時間

單擺不管擺動幅度大小、擺錘重量大小，擺動一次的時間都相同。由「單擺等時性」可以製作出「擺鐘」。

最初注意到鐘擺特性的是義大利的科學家伽利略。晚年的伽利略以完成擺鐘為目標，持續進行研究。不過，直到伽利略亡故後的1656年，實用的擺鐘才終於由荷蘭的數學家暨物理學家惠更斯（Christiaan Huygens，1629～1695）發明而問世。隨著擺鐘的普及，「1小時」從「會隨著季節而改變」的時間長度，轉變成「不論何時長度都相同的時間」。

測量吊燈時間的伽利略

據說伽利略18歲時，一邊測量自己的脈搏，一邊觀察比薩大教堂天花板垂下的吊燈，發現了「單擺等時性」。不過這個故事的真實性仍不明。

單擺等時性

單擺週期（一次來回需要的時間長度）僅由擺長決定，不受擺動幅度及擺錘重量的影響。舉例來說，長度25公分的單擺，週期約為１秒；長度１公尺的單擺，週期約為２秒。

不過嚴格來說，單擺擺動幅度變大時，週期會稍微拉長。惠更斯改良了擺錘吊掛的方式，修正此缺點，使擺鐘實用化。

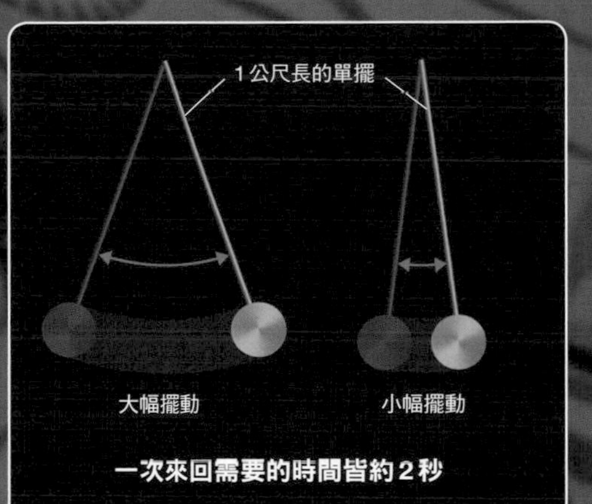

一次來回需要的時間皆約２秒

伽利略
活躍於16～17世紀的義大利科學家，發現了自由落體定律，為近代科學奠定基礎。

COLUMN

不管是現在或過去，都是使用「單擺」計算時間

惠更斯於17世紀發明的擺鐘，1天的誤差僅約10秒左右，比人們自13世紀起使用的機械時鐘精確許多，當時的時鐘1天會產生30分鐘的誤差。

到了1927年，加拿大工程師馬里森（Warren Marrison，1896～1980）發明了「石英鐘」。他將石英（SiO_2的結晶）薄片通以電壓，使其產生規則振盪，取代計時用的擺錘。石英鐘1個月僅會產生15秒左右的誤差。

順帶一提，「分」與「秒」的60進位法，源自美索不達米亞文明的角度分割方式。

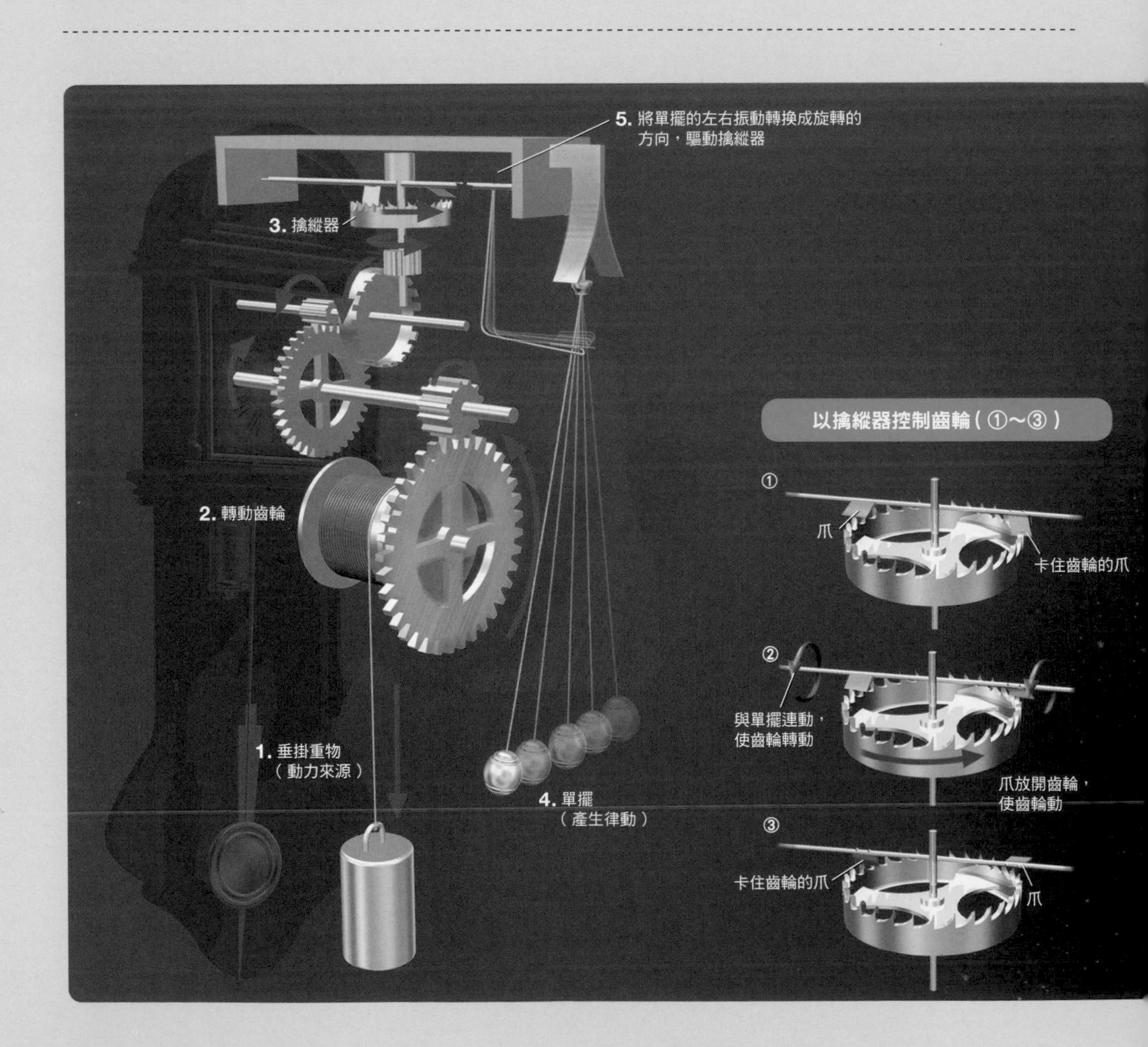

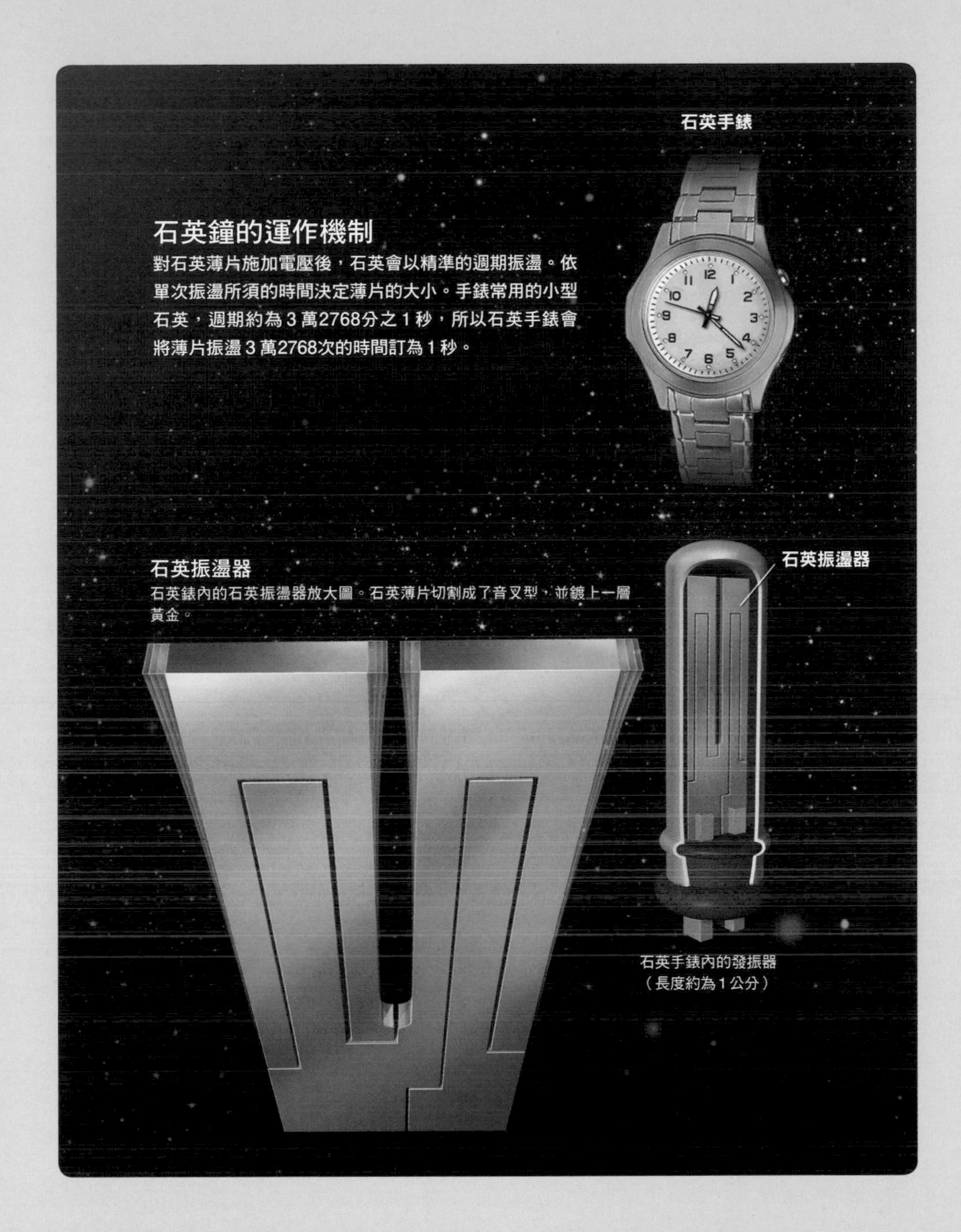

擺鐘的運作機制

擺鐘的動力來源是重物，並由單擺產生律動。

首先垂掛重物（1）。重物以繩子連接齒輪，使一連串齒輪得以轉動（2）。與齒輪相連的擒縱器（3）可控制齒輪的轉動。當單擺以一定週期左右擺動（4）時，擒縱器的爪會與單擺連動（5）。當爪卡住冠狀齒輪時，會讓齒輪停止轉動；爪放開齒輪時，齒輪則會繼續轉動（①～③）。另外再設計適當的齒輪與指針咬合。

求算正確的曆法

我們使用的曆法誕生於1582年的羅馬，由羅馬教宗額我略十三世（Gregorius PP. XIII，1502～1585）制定，稱作格里曆（Gregorian calendar）。

當時羅馬的曆法是凱薩（Julius Caesar，前100～前44）大帝於西元前45年制定的曆法，並以他的名字將其命名為儒略曆（Julian calendar）。

在基督教中，改變曆法會產生一個很大的問題，就是必須重新決定在哪一天紀念耶穌基督復活的「復活節」。復活節原本是「每年春分滿月後的第一個星期日」，並訂定「春分為3月21日」。不過當時的儒略曆與實際季節之間相差了10天左右。春分原本是晝夜時間相同的日子，但因為這10天的落差，使人們難以決定復活節該訂在哪一天。

曆法堪稱科學結晶

從數千年前的古代文明到現在的漫長歷史中，人類不斷試圖修正計算曆法與時間的方法。

對此，額我略十三世大膽地將1582年10月4日的隔天訂為10月15日，直接跳過10天，以粗暴的方式解決了這個問題。不過，如果繼續使用儒略曆，數百年後也會產生同樣的問題，於是格里曆導入了新的規則：儒略曆中每4年會有1次閏年，格里曆則在400年中取消3次閏年。格里曆規定，對於可用100整除的西元年分而言，如果不能整除400則不為閏年；如果可用400整除，則即為閏年。

曆法與地球公轉問題

為什麼會出現這樣的問題呢？因為1年的長度並非1天的整數倍。

實際上的1年長度是地球繞太陽一圈的時間，這段時間比365天多了約4分之1天。儒略曆為了去掉零頭，便規定每4年加入1天，即2月29日，也就是「閏年」。

但嚴格來說，1年約為365.2422日，比365又4分之1天短了約11分鐘。這件事在凱薩的時代已為眾人所知，但因為誤差很小而被人們忽視。然而，即使1年只誤差11分鐘，100年後也會出現0.8天的落差。

而根據格里曆的新做法，如果每400年取消3次閏年，曆法上每年的平均長度會變成365.2425日，與1年的實際長度（365.2422日）只差了約26秒。因此，格里曆每1萬年只會相差3天。

逐漸變短

1年的實際長度為365.2422日，但事實上這個長度正在逐漸變短，每100年大約會減少0.53秒。

地球繞太陽一圈的時間稱作「太陽年」，這是由春分到下一個春分所需的時間定義。根據16世紀的天文學家克卜勒（Johannes Kepler，1571～1630）發現的行星運動規則（克卜勒定律），地球以橢圓軌道繞著太陽轉。但嚴格來說，地球軌道會受到其他行星的重力影響而產生偏離，與克卜勒定律的計算結果有些微落差。此外，橢圓軌道會逐漸接近圓形，地球與太陽間的平均距離會越來越短，所以1年的長度也會隨之變短。

公轉軌道決定了1年的長度

圖中描繪了地球的公轉軌道。如果只有地球繞著太陽公轉，則1年的長度永遠不會改變（上）。但實際上，地球會受到其他行星的影響，使軌道一點一點地偏離（下）。

由於地球與其他行星的位置關係會持續變化，因此從春分到下次春分所需的時間，也就是1年的長度，會根據情況而有所不同。這裡以火星作為例子，不過地球也會受到其他行星重力的影響。

專欄 COLUMN 1個月的長度

從地球觀測月球時，每天看到的樣子都不一樣，例如新月、眉月、弦月、滿月等。一次新月到下一次新月會經過約29.5天。國曆中的「月」與月球的運行並沒有直接相關，卻是能感受到季節變化的重要指標。

在日本，每個月分都有日式的專屬名稱，例如睦月（一月）、如月（二月）等。這些名稱源自舊曆法（類似臺灣的農民曆），與月球的運行有關。所以與和名有關的「季節感」，平均也會維持1個月左右。

只有地球公轉的情況

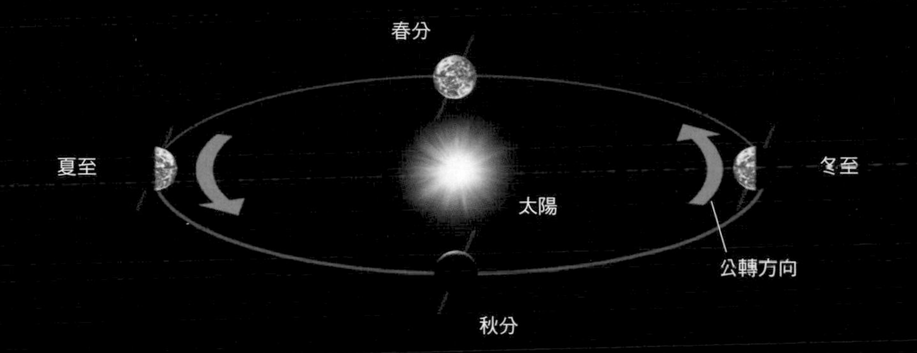

公轉受其他行星重力影響時

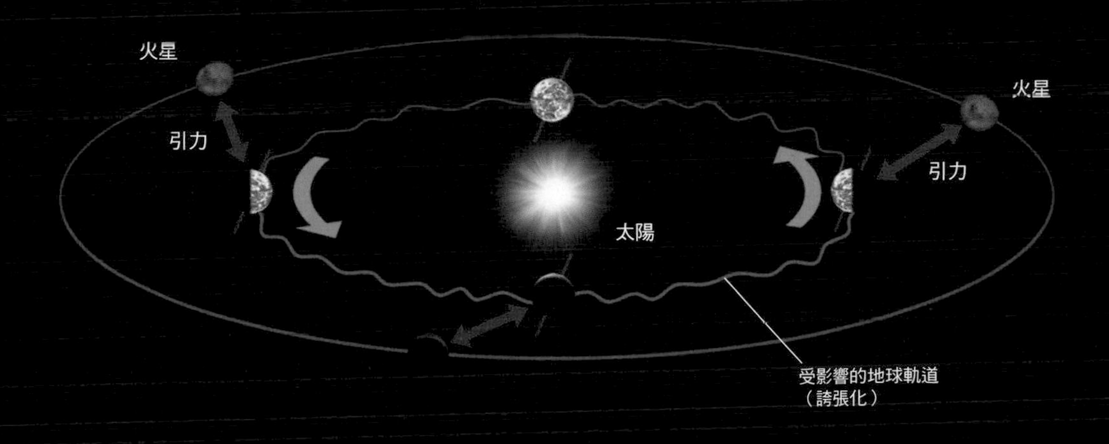

1天的長度每天都會改變

以北半球為例，原本一天的長度是指太陽抵達正南方的瞬間（中天），到下一次太陽抵達中天位置所需的時間。不過，如果把中天時間（正午）訂為1天的開始，人們在溝通活動日期時會相當不方便，於是人們將1天改訂在「中天時間的12小時後」。

由於地球公轉，太陽從中天到下個中天所需的時間比地球自轉時間略長。

地球自轉一圈的同時，地球在公轉軌道上也移動了一些，當地球自轉一圈後，北半球居民看到的太陽會比正南方再偏東方一些。所以地球要再多自轉一點，太陽才會抵達正南方。

另外，從中天到下一個中天所需的時間，每天也會有些微差異。太陽在天空中的移動速度每天都不一樣，有時快有時慢，這是因為地球的公轉速度不是固定值的緣故。

地球的公轉軌道並非完美的圓，而是橢圓形。當地球距離太陽越近時，公轉速度越快；距離太陽越遠時，公轉速度則越慢（克卜勒定律）。因此，兩次中天的間隔時間，也就是1天的長度並不固定。

雖然每天的長度都有些微差異，但如果每天都要調整時間長度會十分不方便，所以目前科學家都假設太陽在天空中以固定速度運行，將1年總時間除以日數，得到1天的長度，稱作「平均太陽日」（mean solar day）。

專欄 COLUMN 日行跡

整年在同一地點，每天同一時刻（正午）拍攝太陽，將拍到的影像合成後，可以發現太陽的位置會逐漸改變。這是因為我們平常使用的「平均太陽日」並不會完全符合太陽實際在天空中的運動。所以，即使同樣是正午時分，太陽也可能不在中天。例如春分的正午偏東側，秋分的正午則偏西側。這個8字型軌跡稱作「日行跡」（analemma）。

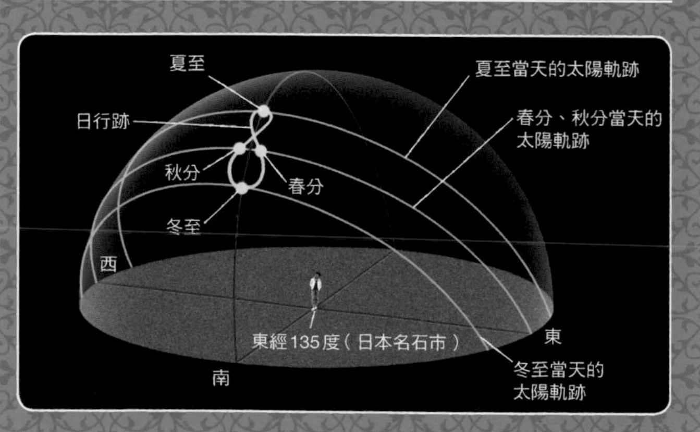

公轉速度不同造成每天的長度也不一樣

下圖為地球繞著太陽公轉的示意圖，軌道有略為誇張化。當地球靠近太陽時，公轉速度較快；遠離太陽時，公轉速度則較慢（上）。和遠離太陽時相比，地球靠近太陽時，自轉過程中需轉更多角度，太陽才會再次到達中天位置（下）。太陽從中天位置到下一次中天位置的時間稱作「1天」，每天的長度都有些微差異。

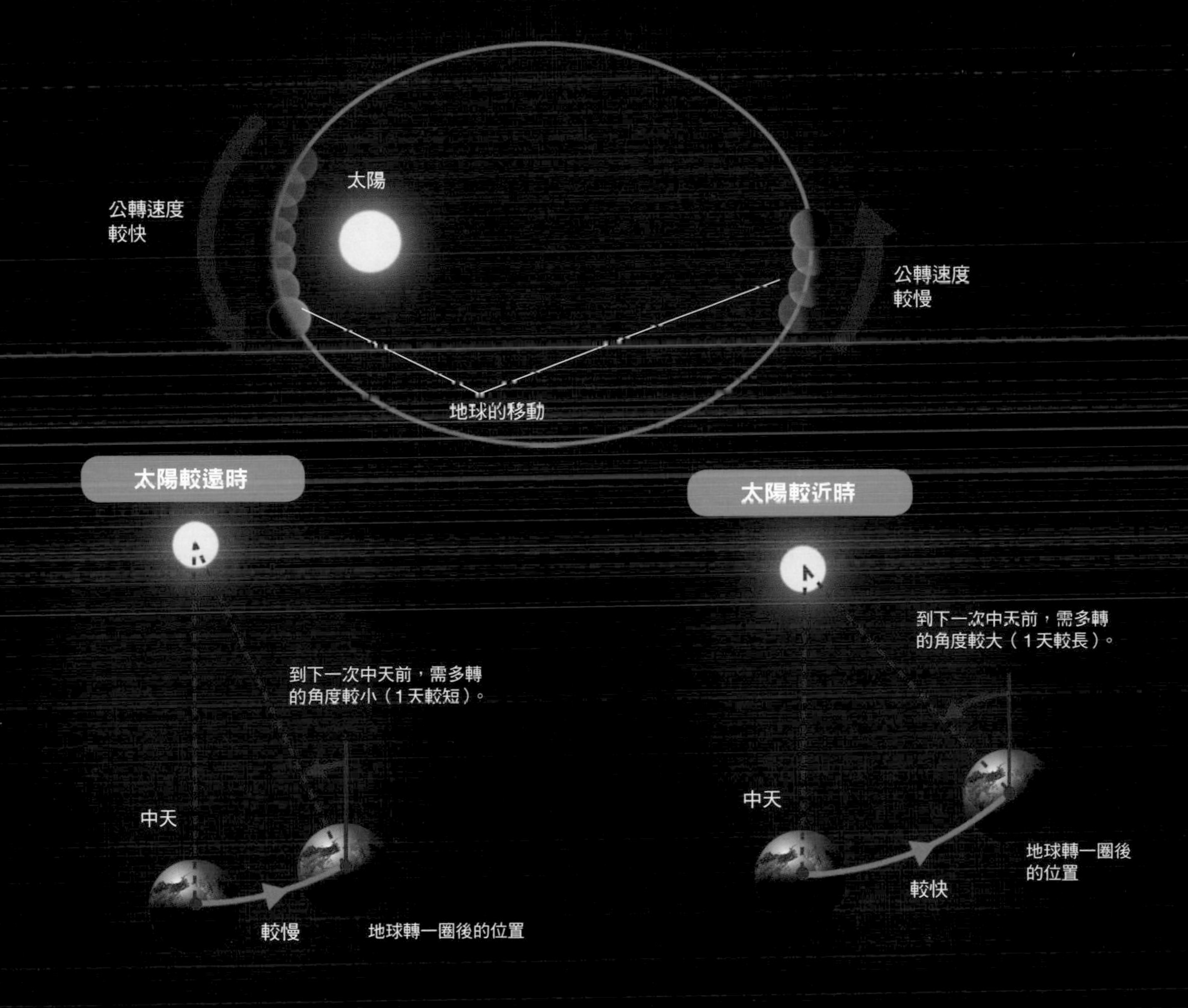

隨著季節變化，地球公轉速度也不
一樣，所以一天長度並不固定。

SECTION 59

A second

1秒的長度

用原子決定 1秒的長度

長久以來，1秒的定義一直是1天長度的8萬6400分之1（60秒×60分×24小時＝1天）。這裡的1天指的是平均太陽日，由地球自轉決定。

不過，到了20世紀中期，人們發現地球的自轉速度並不固定，因為月球引力的作用，拖住了地球自轉的速度，所以會逐漸變慢。目前而言，若加上地球自轉週期的延遲，每

1秒定義的變遷

1秒長度的定義會隨著時代改變而越精準。從1天的長度（自轉週期，精度達8位小數），到1年的長度（公轉週期，精度達9位小數），再到原子鐘（目前到15位小數）。章末的專欄將介紹精度達18位小數的光晶格鐘（optical lattice clock）。

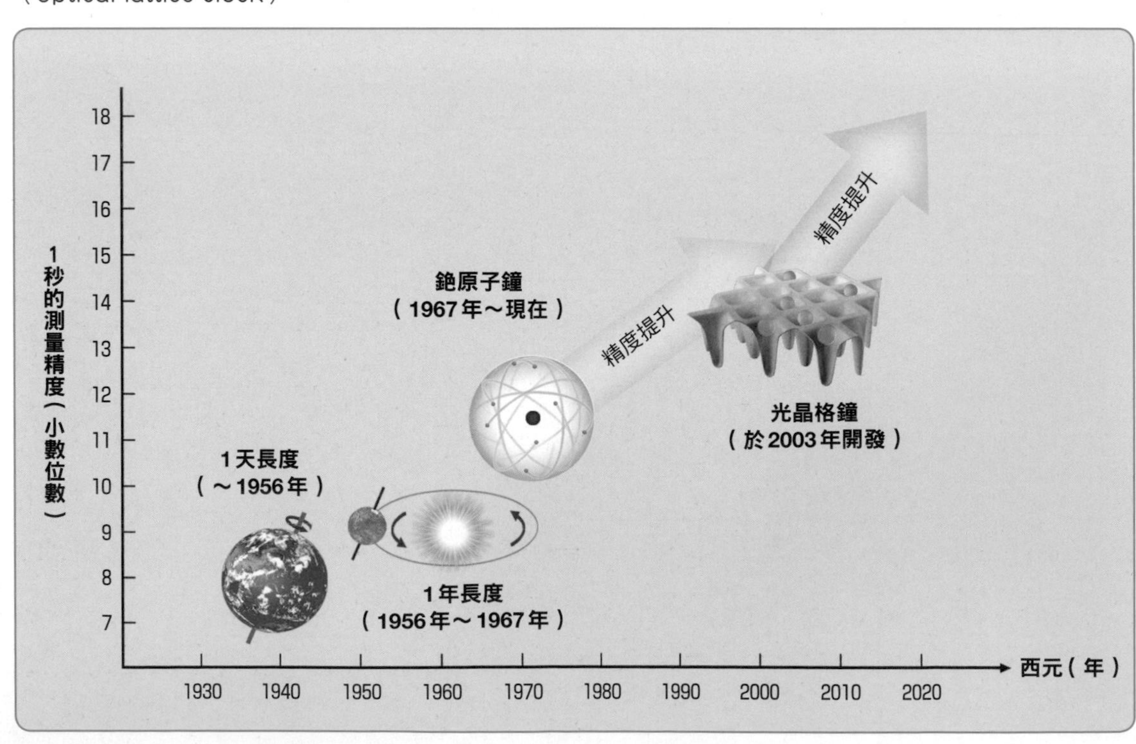

年的時間會拉長約0.8秒。

於是，為了定義更精確的1秒，需要更穩定的時間基準。1956年，國際度量衡委員會（International Committee of Weights & Measures，簡稱CIPM）決定以地球的公轉，也就是1年的長度來定義1秒的長度。不過，地球的公轉也會受到月球與其他行星的重力影響，而產生些微變化。

於是人們改用「原子鐘」（atomic clock）作為新的時間基準。原子鐘是以某種原子吸收及放出電磁波的頻率以決定1秒的長度。目前作為時間標準的原子鐘，定義1秒為「銫原子吸收及放出的電磁波振盪91億9263萬1770次所需要的時間」。原子鐘非常精準，大約每30萬～3000萬年才會產生1秒的誤差。

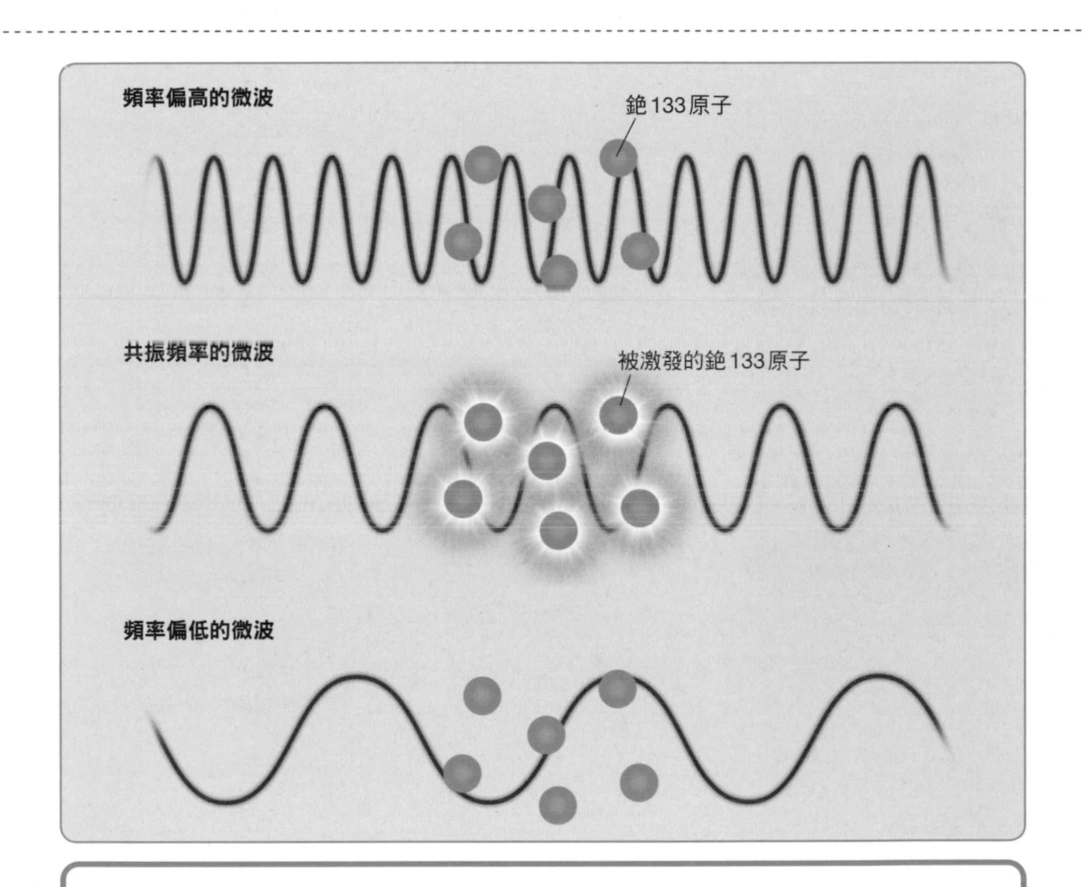

原子的共振頻率

原子被特定頻率的電磁波（微波）照射到時會吸收能量，轉變成能量較高的狀態（激發態），這個過程叫作「激發」（excitation），一種原子只會被特定頻率的電磁波激發，而這個頻率則稱為該原子的「共振頻率」（resonance frequency）。

當原子鐘所使用的「銫133」原子照射到共振頻率的微波時，也會被激發（中）。而照射到不同頻率的微波時，則不會吸收微波，也不會被激發（上、下）。

決定世界共通的正確時間

位於經度0度，英國舊格林威治天文台的時間被視為世界的代表性時間，稱作「世界時」（universal time，UT）。UT是以地球自轉為基準的時間。

不過，如同前面所提，以地球自轉為基準的時間並不嚴謹，於是在1967年，國際度量衡委員會改用更精準的原子鐘來決定時間，這個時間稱作「國際原子時」（International Atomic Time，TAI）。

然而，現實中的日出日落會隨著季節改變。國際原子時雖然可以標示出正確的時間，但如果完全遵照這個時間，在遙遠的未來，太陽可能到了中午都還沒升起。所以現在人們僅用原子鐘定義1秒的長度，而時刻則配合地球自轉的情形進行調整。

地球的自轉會越來越慢，因此以地球自轉為基準的時間（UT），會走得比以原子鐘定義1秒的時間還慢。當兩者差異超過0.9秒時，原子鐘就會額外插入1秒，使時間與地球自轉吻合（閏秒）。最近的閏秒調整發生在2017年1月1日，科學家們在上午8點59分59秒與9點00分00秒之間插入了1秒，所以這天多了1秒。

這就是我們現在使用的「世界協調時間」（Coordinated Universal Time，UTC）。

地球內部的地核運動、物質移動可能都會影響地球自轉速度。

使地球自轉延遲的「閏秒」

插圖說明了地球自轉延遲的原因及插入閏秒的方式。受到月球引力的影響，地球的自轉速度會越來越慢。我們現在以原子鐘決定的時間（世界協調時間），會比以地球自轉決定的時間（世界時）還要快，所以世界協調時間需適時插入1秒（閏秒），使其與地球自轉吻合。

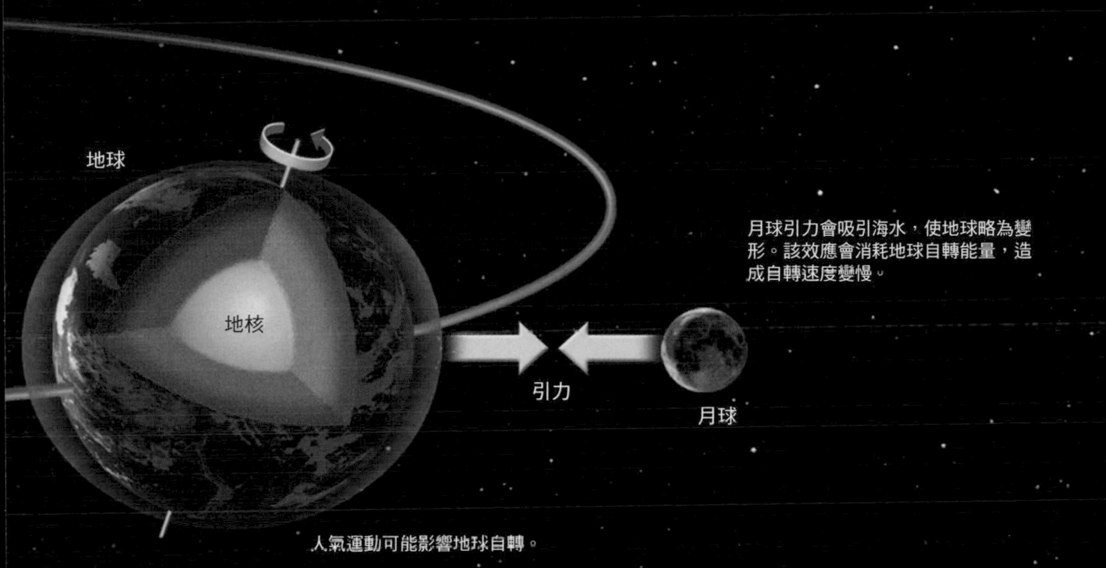

世界時（UT）（以地球自轉為基準的時間）	世界協調時間（UTC）（我們使用的時間）
Dec 31 23:59:58 10	Dec 31 23:59:59 00
以地球自轉為基準定義1秒。	原子鐘可定義精確的1秒。
Dec 31 23:59:59 10	Dec 31 插入閏秒 23:59:60 00
地球自轉逐漸變慢，故比UTC時間略為延遲一些。	插入「第60秒」，使其與UT時間差異小於0.9秒。
Jan 1 00:00:00 10	Jan 1 00:00:00 00
到了隔天。	為配合地球自轉而修正時間。

1天會越來越長

為什麼要使用閏秒調整時間呢？因為地球的自轉會受到各種因素的影響，使自轉越來越慢。

潮汐的影響

地球誕生時，自轉週期（1天的長度）約為5小時。自轉減慢的主因是「潮汐摩擦」（tidal friction）。潮汐摩擦是指當潮汐變動時，海水與海底間產生摩擦，進而減緩地球自轉的速度。

不過潮汐並不會讓地球自轉以固定速度持續減慢。在相對較短的期間內，地球自轉會不斷重複著一下變慢、一下變快。

風與洋流的影響

地球表面覆蓋著堅硬的岩盤「地殼」（earth crust），地殼下存在「地函」（earth mantle）。地殼之上有大氣與海流的循環，地函之下則有「地核」（外核）在進行對流。這些流動會與地殼及地函產生交互作用，改變地球自轉的速度。

舉例來說，假設有陣強風吹過高山（地殼），且風向與地球自轉方向相反，就會讓自轉速度變慢，或是流動的地核也會與地函間產生摩擦而使自轉變慢。

因為風與洋流的影響，造成不同的季節，自轉速度也不一樣。7月時地球自轉最快（1天較短），4月與11月時地球自轉最慢（1天較長）。

強烈地震的影響

有報告指出，2011年的東日本大地震使地球自轉速度快了100萬分之1.8秒。地震造成岩盤的位置改變，使地球質量的分布產生些微變化。而洋流也會改變質量分布，這些都會影響到地球自轉速度。

綜上所述，地球規模的現象會在複雜的作用下影響地球自轉速度，因此要預測未來1天的長度並不容易，誰也不曉得未來是否需要用閏秒調整一天長度。

每天都在改變的1天長度

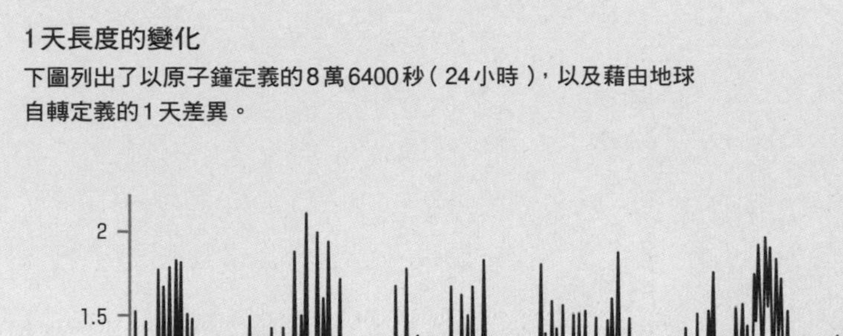

1天長度的變化

下圖列出了以原子鐘定義的8萬6400秒（24小時），以及藉由地球自轉定義的1天差異。

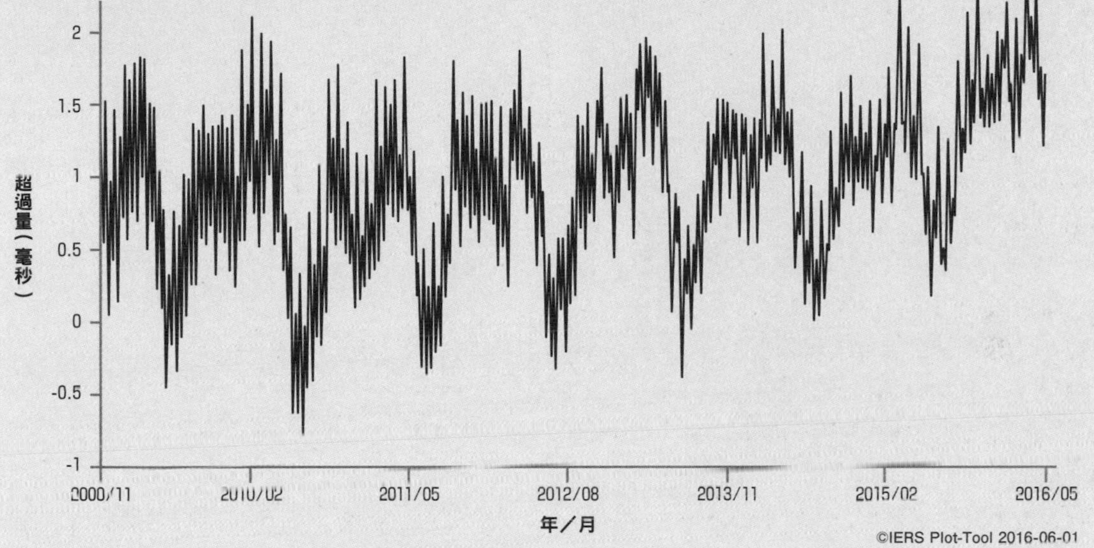

©IERS Plot-Tool 2016-06-01

自轉變化的原因

月球引力（潮汐摩擦）、風、地震、地函與地核的摩擦等，都會影響到地球的自轉速度（1天的長度）。

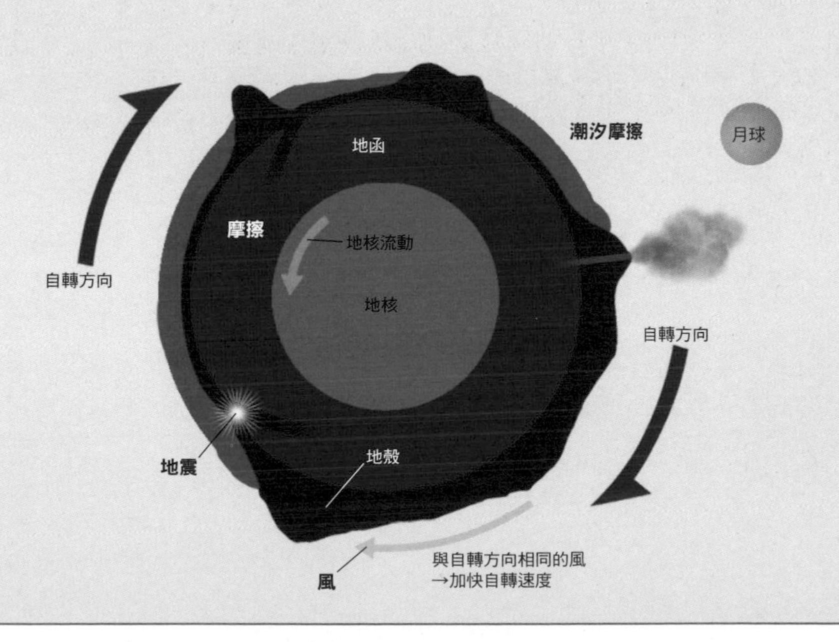

14億年前的1天只有18小時？

目前地球自轉1周需要的時間（1天）約為24小時。不過在很久以前，地球的自轉速度遠比現在還快，1天長度也比24小時短。

利用電子顯微鏡觀察古代的貝殼與珊瑚化石，可以看到細緻的條紋，如同樹木的年輪，能顯示出每天的成長情形。而隨著季節的不同，這些條紋的樣子也不一樣。因此，比較條紋的數目與成長情況，可以推論1年的天數（1年內地球自轉幾次）。測定結果顯示，在恐龍繁榮的中生代白堊紀（Cretaceous）晚期，也就是約7000萬年前，1年約有372天。也就是說，當時繞太陽公轉一圈時，地球會自轉372圈。

從以前到現在，1年長度（地球公轉週期）大約都是

365（天）×24（小時）=8760小時

並沒有變化太多，所以7000萬年前的1天長度約為

8760（小時）÷372（天）=約23.5小時

也就是說當時的1天約只有23小時半。

另外，地球的自轉速度也會受到地球與月球的距離影響。太古岩石留下了日照量變化的痕跡，經詳細調查後發現，由地球與月球的距離可以計算出太古時期的1天長度。由這個方法可以得知，距今約14億年前的元古宙時代，1天的長度約為18小時。

1天相當短的太古地球

14億年前的1天是18小時。1天長度即地球的自轉速度，會受到地球與月球的距離影響。

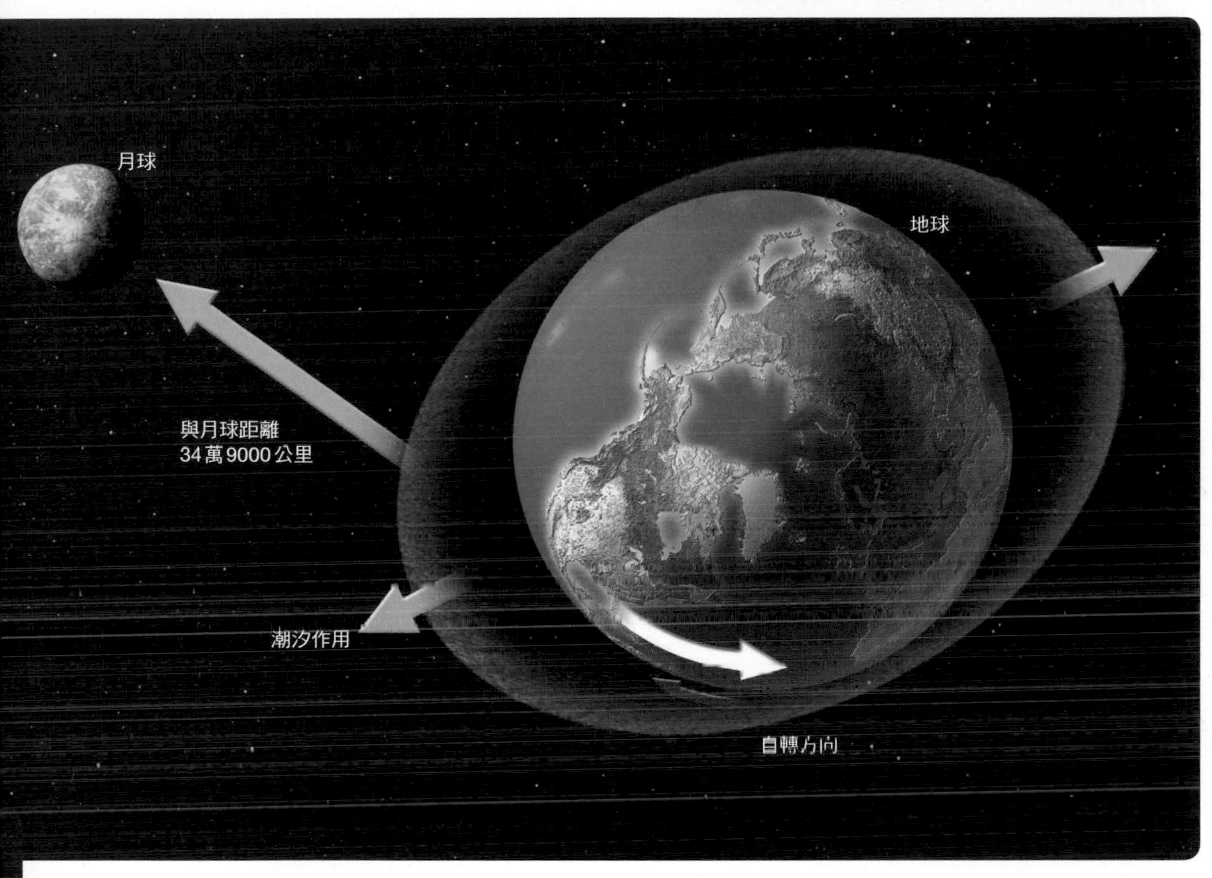

月球剛形成時的天空想像圖

月球剛誕生時，地球與月球的距離比現在近很多。如同前頁中所提，潮汐摩擦會減緩地球自轉速度，使1天越來越長。另外，減緩地球自轉速度的力會產生反作用，加速月球公轉速度，使月球逐漸遠離地球。

COLUMN

測定高精度的1秒

銫原子鐘定義銫原子的共振頻率振盪91億9263萬1770次的時間為1秒。如果使用共振頻率比銫133大的原子，就可以將1秒切割得更細，定義出更高精度的1秒。於是科學家開始研發共振頻率超過380兆赫茲，位於「可見光」（visible light）頻段的原子鐘。

東京大學的香取秀俊博士等人所開發的光晶格鐘就是其中之一。

「光晶格」是指利用多種雷射光彼此交疊，在空間中形成的多個「凹陷」。這並非是實際的凹陷，而是透過能量的高低差，捕捉位於能量較低處的原子。離子會因為靜電作用而彼此排斥，所以要在狹小的空間中固定100萬個離子並不容易，但如果是電中性的原子就有可能辦到。

光晶格鐘會先用雷射光從多個方向照射共振頻率約429兆赫茲的鍶原子團，阻止原子運動（雷射冷卻，laser cooling）。接著利用特殊波長的雷射光照射，形成光晶格。

最後再用名為「時鐘雷射」的雷射光照射鍶原子，使其轉變成激發態，再測定此時的光頻率。定義這個光振動429兆次所需的時間為1秒。

目前光晶格鐘的研究仍在進行中，2014年已成功開發出精度達18位小數的光晶格鐘，代表已可製造出每300億年只會產生1秒誤差的時鐘。

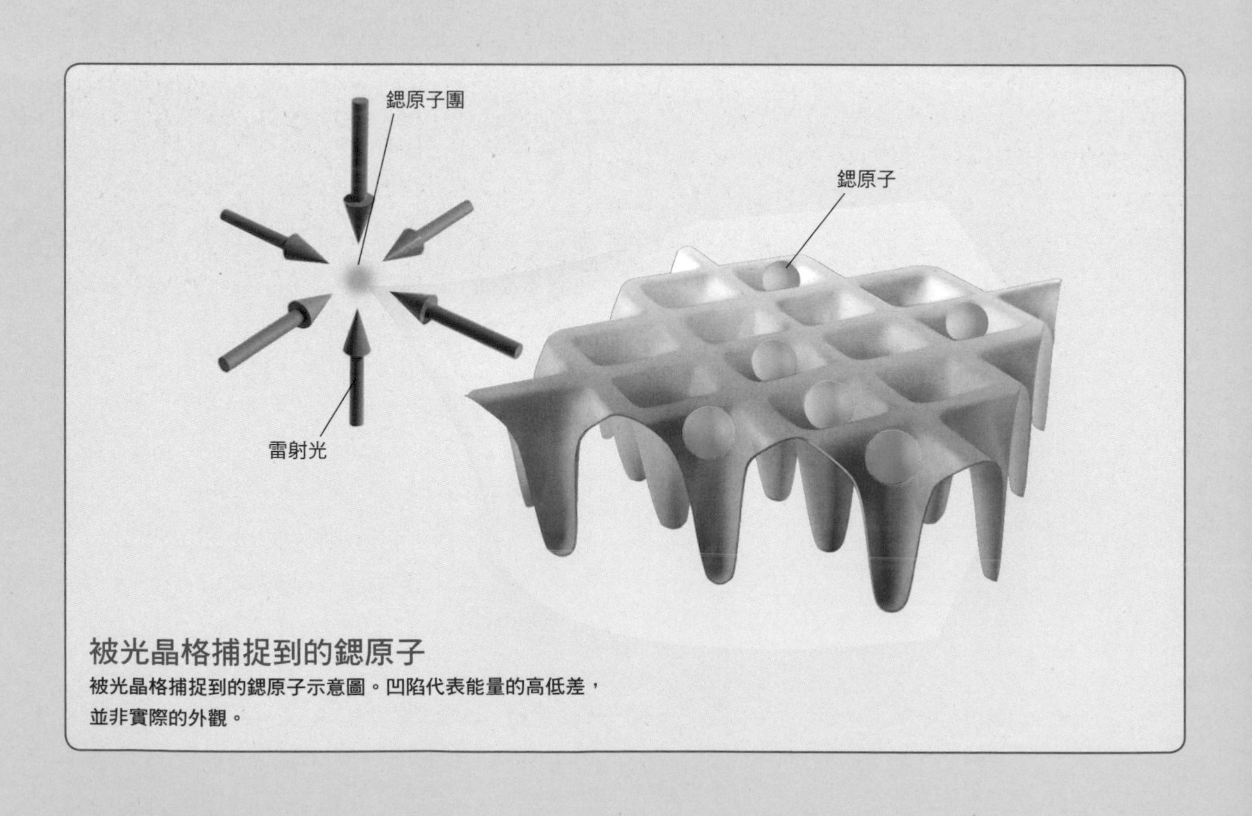

被光晶格捕捉到的鍶原子

被光晶格捕捉到的鍶原子示意圖。凹陷代表能量的高低差，並非實際的外觀。

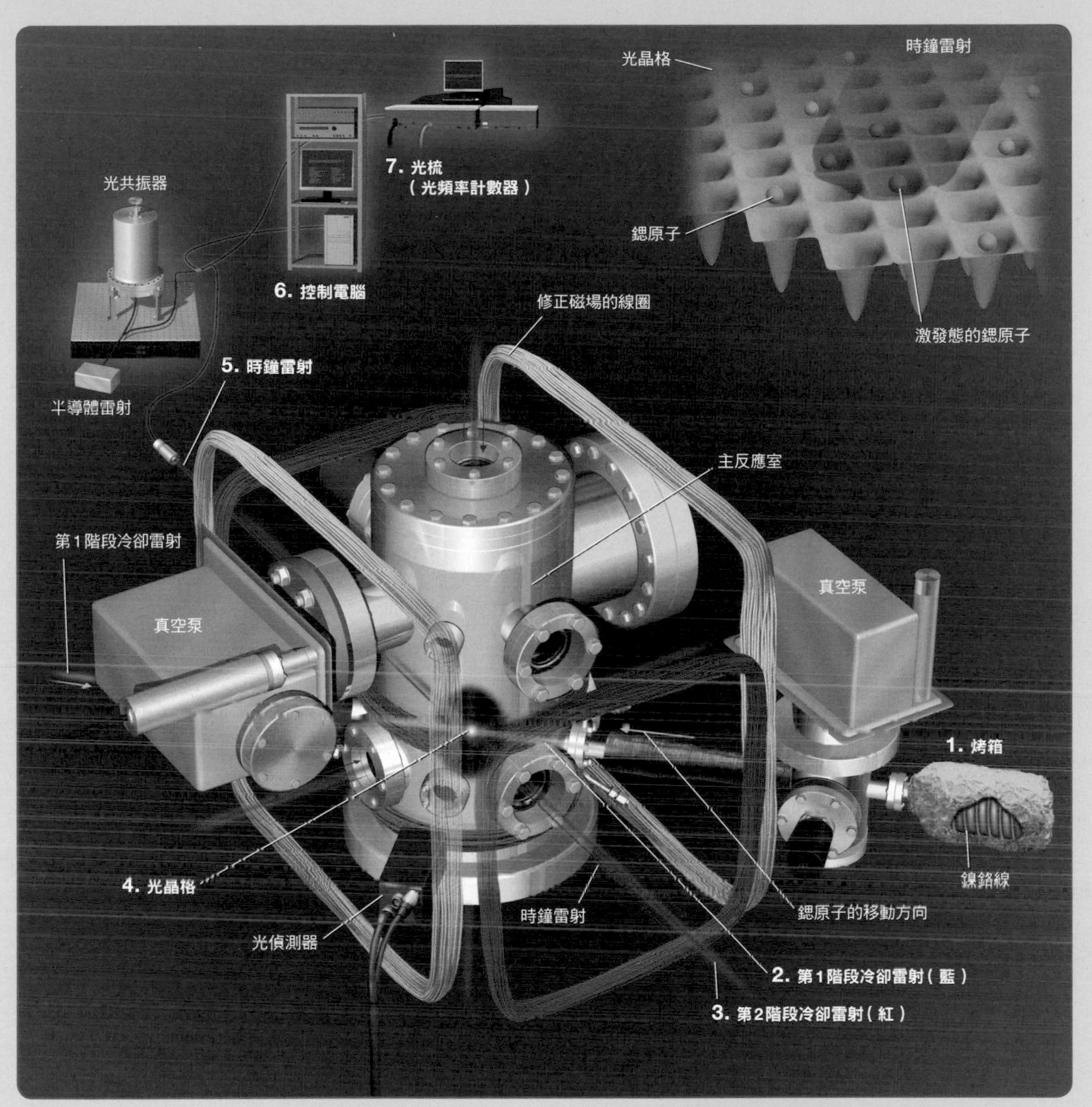

光晶格時鐘的運作機制

在1.的烤箱中加熱固態鍶原子，使其變為氣態，再用「雷射冷卻」的特殊方法，將鍶原子2階段冷卻（②、③），使原子處於幾乎靜止的狀態。在主反應室中，冷卻後鍶原子會被封閉在光晶格內（④），此時用時鐘雷射照射鍶原子使其振盪（⑤），以光偵測器確認該頻率的雷射是否能激發鍶原子。若與鍶原子的振動頻率有落差，電腦就會控制時鐘雷射的頻率（⑥），直到鍶原子被激發，並以計數器「光梳」計算此時的時鐘雷射頻率（⑦），並定義該頻率下的雷射振盪429兆2280億442萬9877次所需要的時間為1秒。

為什麼必須要有正確的時鐘？

使用現代的原子鐘可以測定數千億至數兆分之1的極短時間長度。但為什麼需要測定那麼短的時間長度呢？

其中一個原因是現代物理學的研究中，需要以如此精確的時間來確定觀察到的物理現象，例如基本粒子的壽命、半衰期、相對論造成的時間「伸縮」等。

另外也會基於「光速不變原理」，用時間定義長度。現在的1公尺定義為「真空中的光在2億9979萬2458分之1秒內所走的距離」。光在100億分之1秒內約前進3公分。也就是說，如果出現100億分之1秒的誤差，1公尺的長度就會有3%的落差。

若能精確測出極短的時間，就能測量到地球自轉週期的變化、相對論造成的時間收縮等，發現過去不曾被注意到的新物理現象或定律。

週期精確的星體「脈衝星」

週期精確到與原子鐘相當的「脈衝星」（pulsar）。脈衝星會朝著地球發出一定週期的強力電磁波，這種星體的真面目是質量非常大的中子星（neutron star）。大質量星體在自轉的同時，會朝兩極的方向發射強烈的電磁波。由於這個自轉十分穩定，所以地球收到的電磁波週期也非常固定。

脈衝星的週期可幫助我們觀測到廣義相對論所預言的「重力波」（gravity wave），這是以振動方式傳遞、可造成空間扭曲的重力。由於重力波非常微小，難以在地球上直接觀測，但如果一直規律釋放電磁波的脈衝星出現些微變化，就可以間接觀測到重力波的存在。

脈衝星

脈衝
（週期性電磁波）

地球

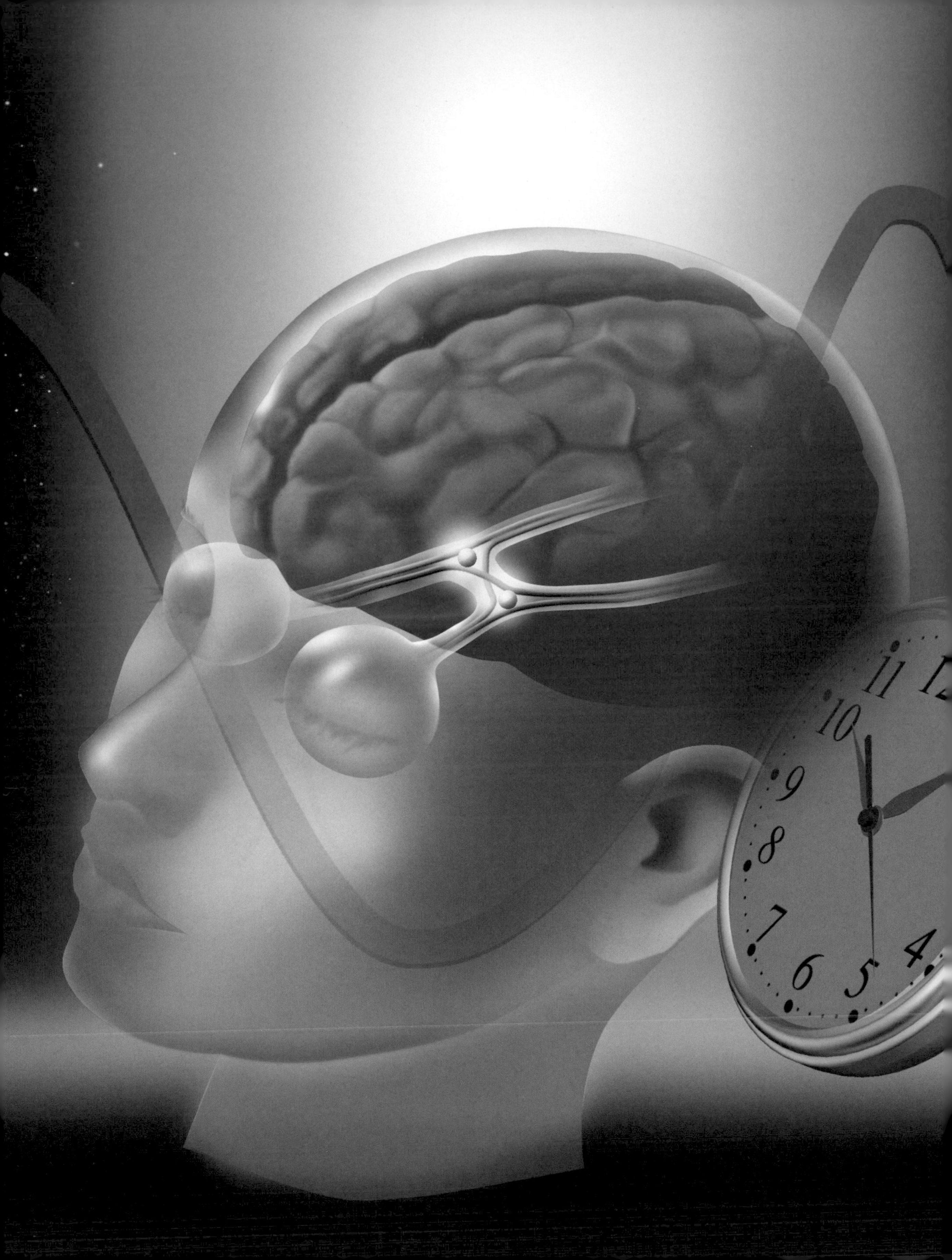

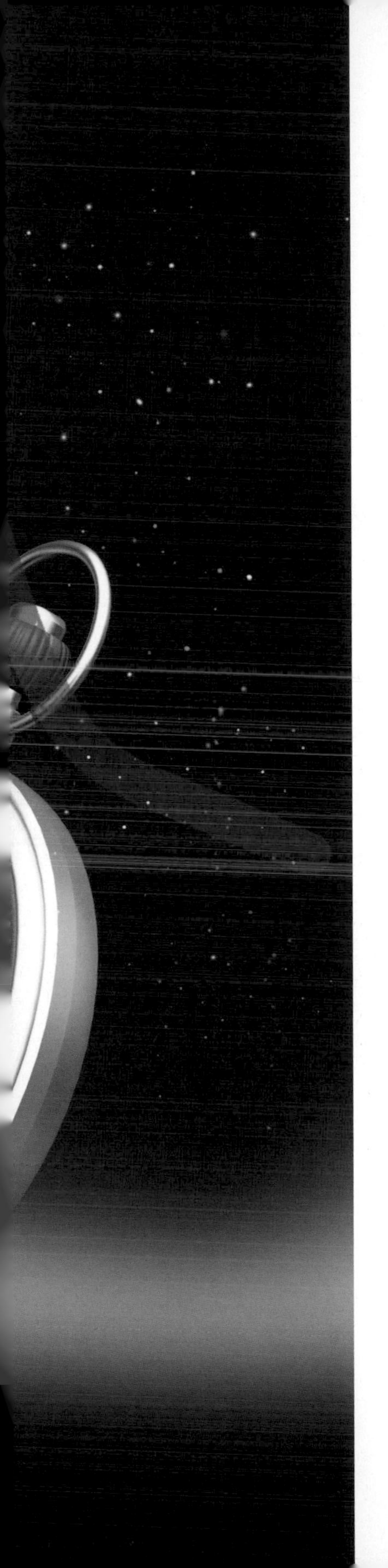

6
生物的時間

Time of creature

每個人都有自己習慣的步調

每個人的說話、走路等動作各有不同，稱為「精神步調」（mental tempo）。

一般認為精神步調是由遺傳與環境因素決定，在孩童時便已固定，年紀越大越不容易改變。即使指責他人說話太快，被指責的人也沒有自覺，而步調緩慢的人也是如此。

測量精神步調的方法包括走路速度、敲打法（用自己習慣的步調敲打桌子的測試）。

以時鐘為準？或以精神步調為準？

自己的步調

即使做同一件事，有的人會比較快做完，也有人會比較慢做完。每個人做事時都有一個舒服的「精神步調」，且精神步調各不相同，這在孩童時就已固定，一旦固定就難以變化。

精神步調可能由遺傳及環境決定。就環境因素而言，與人口稀疏區相比，人口密集區的精神步調可能比較快。

一個人如果以異於精神步調的步調做事就會產生壓力，這也是形成疾病的原因之一。在學校、職場、公共交通機關等場合，人們會配合時鐘顯示的時間動作。這是為了提升人們在該地區生活的平均工作效率。不過，考慮到每個人的健康狀況與工作難易度，在規畫時程時，把個人的精神步調納入考慮或許是比較好的方法。

身體越大的動物時間過得越慢

地球上除了人類之外，還有各式各樣的生物，牠們也都有著自己的時間。動物的「生理時間」(physiological time，步調或週期)，包括心臟跳動的間隔時間、血液循環全身所需的時間、壽命等。一般而言，體重越輕的動物，生理時間越短；體重越重的動物，生理時間越長（大約與體重的4分之1成正比)。

若以大象與老鼠來舉例的話，大象的生理時間約為老鼠的18倍，某種程度上可以說「大象的時間過得相當緩慢」。

另一方面，隨著動物體重的增加，每公斤體重消耗的能量就會減少。有些學者認為，兩者的關係顯示生理時間與能量的消耗多寡有關。也就是說，能量消耗越快的動物，生理時間越短。

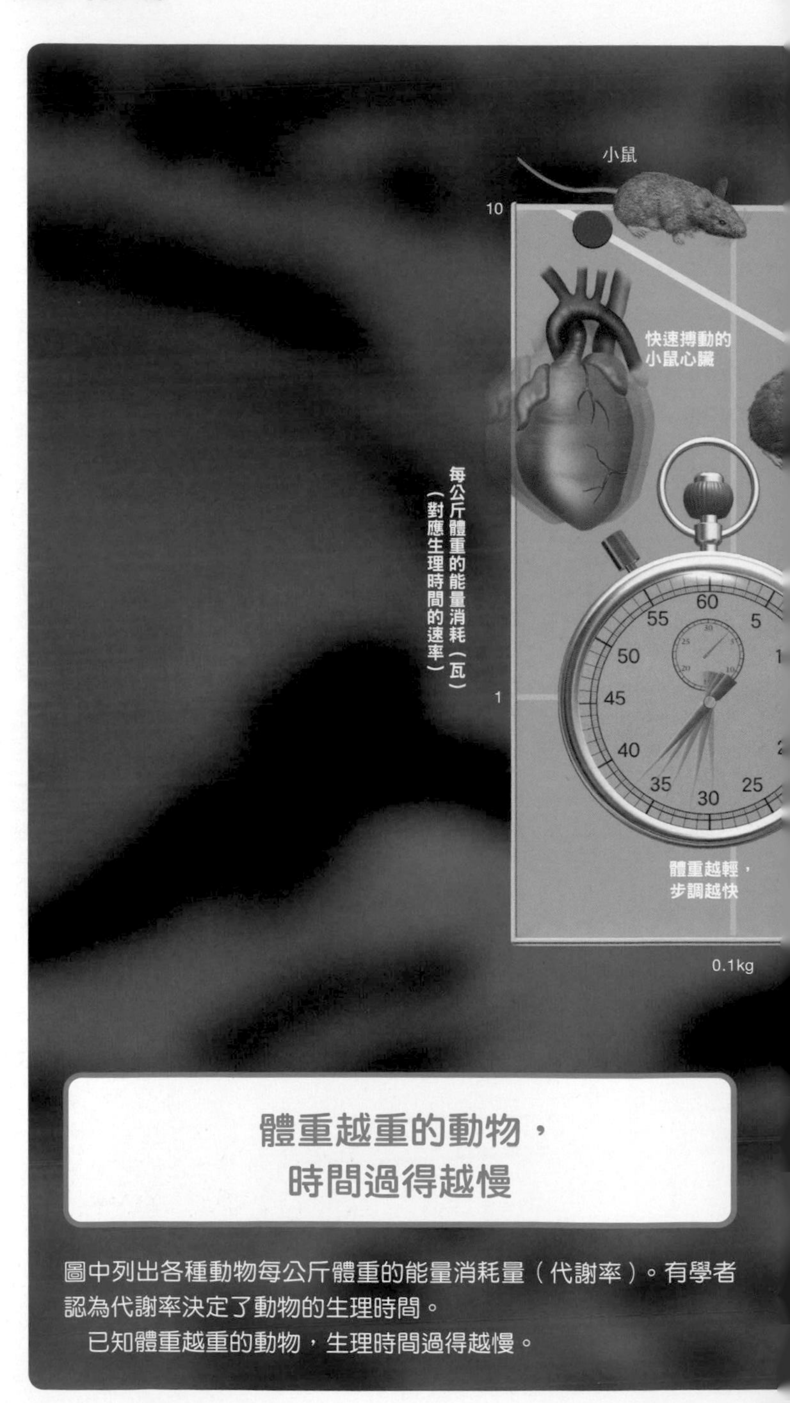

圖中列出各種動物每公斤體重的能量消耗量（代謝率）。有學者認為代謝率決定了動物的生理時間。

已知體重越重的動物，生理時間過得越慢。

（本圖參考本川博士提供的資料製成）

快樂的時間總是過得特別快

當放了一個長假，總是覺得假期結束的特別快，怎麼又要上班了？而在開會時，總是覺得時間過得特別慢，恨不得時間馬上快轉到下班時間。這些可能是許多上班族的心聲，為什麼會這樣呢？因為人們感受時間流逝的快慢，會隨著當下狀況而改變。舉例來說，如果一直盯著時鐘，特別注意時間流逝，就會覺得時間過得很慢。相反地，如果這段期間心情愉悅，則不太會注意到時間經過，反而覺得時間過得很快。

另外，在面對危機時，同樣也會覺得時間過得很慢。這是因為視覺的資訊處理速度變快了（這種狀況稱作精神過速，類似觀看慢動作影片），「心理時間」（psychological time）的流逝速度也會變快，與實際時間的流逝速率產生落差。除此之外，當回想過去的經驗時，記憶也會影響到體感時間。

恐怖的感覺會讓人覺得時間過得特別慢

在某項實驗中，受試者在不穿戴安全繩的狀況下，從高31公尺的高處背部朝下墜落，由安全網接住。實驗中請受試者評估自己與他人落下過程所花費的時間。平均而言，19名受試者評估自己落下的時間會比他人落下時間長約36%。

落下過程中會覺得周圍環境變成慢動作？

受試者手腕上會穿戴一個顯示幕上有像素文字會閃動的裝置，受試者需在落下的過程中確認裝置上的文字。如果心裡感到恐懼，視覺資訊的處理速度也會變快的話，即使文字快速閃動，受試者應該也能讀懂文字才對。不過，這個實驗並沒有得到人類資訊處理速率變快的結果。

閃動的畫面

實驗使用的是8×8像素的裝置。閃動的速度越快，視覺處理就越跟不上，會使受試者無法判斷「4」這個文字。

評估他人的落下時間

實驗受試者需觀察並評估他人落下的時間。平均值為2.17秒，而用計時器測量的實際時間為2.49秒。

網子

評估自己的落下時間

受試者需在體驗過落下過程後評估自己的落下時間。平均值為2.96秒，比實際時間及評估他人的落下時間還長。

大人會覺得時間過得比較快

很多人應該都認為「長大後會覺得一年過得很快」，又或是聽過「因為年紀越大，一年在過去年齡中的比例就越小」的說法。這是法國心理學家珍妮特（Pierre Janet，1859～1947）的直覺想法，並非透過實驗證實。

不過，心理時間似乎真的會隨環境而改變。舉例來說，如果難以體驗新事物，不注意日常生活細節的話，就會覺得時間過得特別快。這是因為人類會藉由在一段期間中體驗到的事物數量，推估這段時間的長度。另外，睡醒後的一段時間內，身體代謝尚未活化，也會覺得時間過得特別快。

也就是說，大人已經習慣每天的生活，沒有新的體驗，再加上代謝速度比小孩慢，所以才會覺得時間過得特別快。

大人與小孩的生活各有不同

如果工作幾乎沒有變化，每天重複著同樣的生活，會覺得時間過得特別快。相對地，如果每天都可以玩新東西、讀新的書，或意識到天氣變化等日常細節，則會覺得時間過得比較慢。即使是例行工作，如果時常注意細節，時間應該也會感覺過得比較慢。

人類透過腦部感覺時間

心理時鐘實際上在哪裡呢？在我們測量數百毫秒到數十秒的時間裡，腦部的視丘（thalamus）與大腦的神經細胞會持續活動。所以一般認為人類能透過這些神經活動的強弱，或多個細胞的活動模式判斷經過了多久的時間。

一個較有說服力的說法是，產生這些活動的是聯絡「大腦與小腦」或「大腦與大腦基底核」的迴圈迴路（loop circuit）。迴圈迴路是指大腦的某個位置所發出的訊號，經過其他地方再回到原本位置的神經迴路。

不過，我們目前仍不曉得詳細機制為何。另外，一般認為在 1 秒、1 小時、1 天、1 年等不同時間長度下，這些機制應該也會有不同的反應。

腦中的各種「心理時鐘」

插圖為與時間知覺（time perception）有關的腦部位。下圖為右腦，標示出與數十秒以內的時間感覺有關的區域或部位。上圖為左腦，標示出與數分鐘、數小時、數天等較長時間感覺、事件發生順序有關的區域。如果是十幾年以前的過去記憶或每天的生活規律，則與其他部位有關。

右大腦半球（外側面）

測量較短時間時使用的部位

以視丘（黃色區域）為中繼點的「大腦-小腦迴圈」與「大腦-大腦基底核迴圈」形成時間感覺迴圈。與平時的行動與時間感覺密切相關。

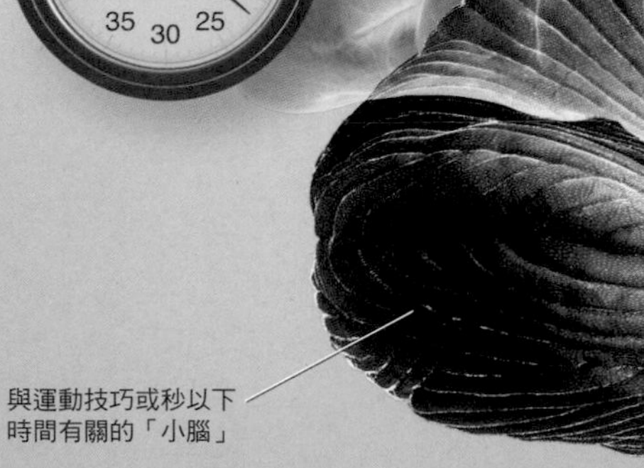

與運動技巧或秒以下時間有關的「小腦」

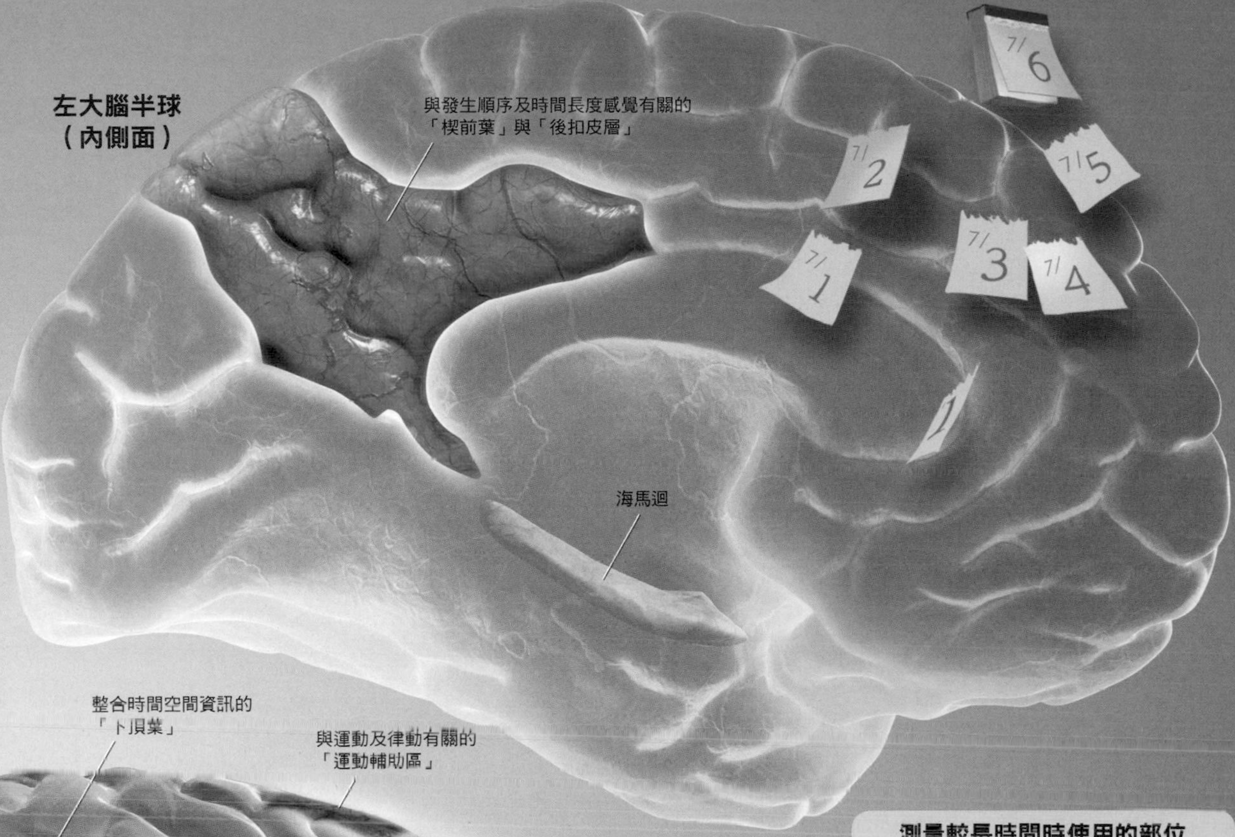

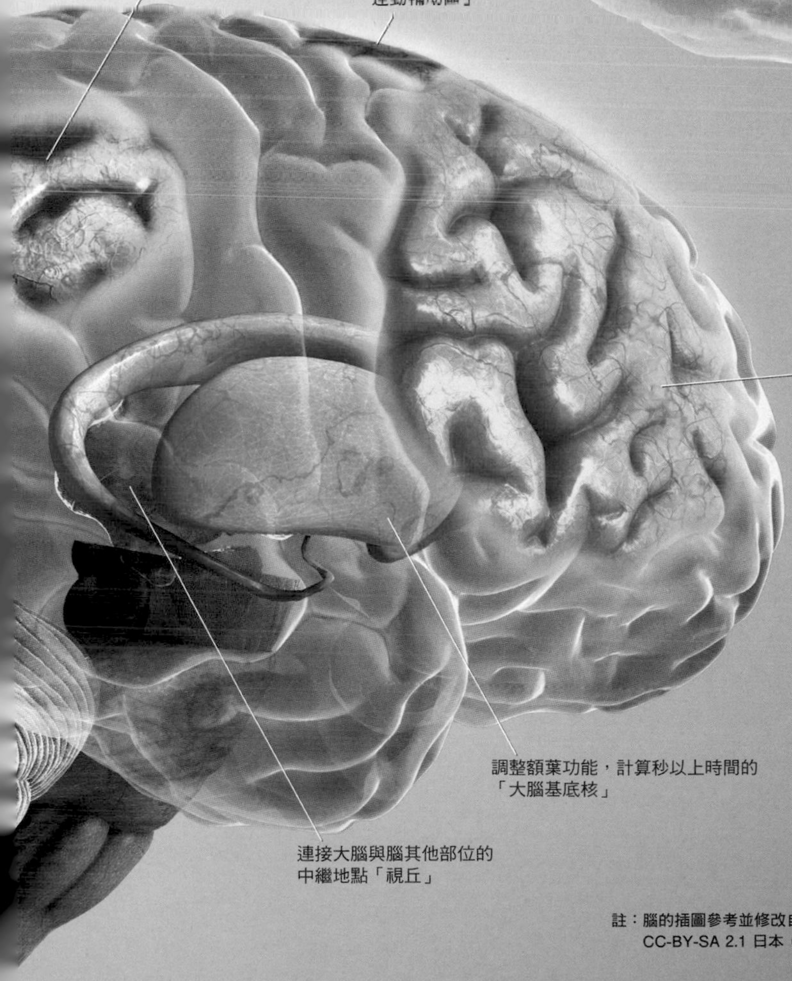

左大腦半球（內側面）

與發生順序及時間長度感覺有關的「楔前葉」與「後扣皮層」

海馬迴

整合時間空間資訊的「上頂葉」

與運動及律動有關的「運動輔助區」

測量較長時間時使用的部位

大腦半球內側的「楔前葉」、「後扣皮層」、「海馬迴」與記憶中的事件順序等時間感覺有關。另外，近年來亦發現「海馬迴」及「大腦基底核」也和數分鐘以上的時間感覺有關。

與注意力及短期記憶有關的「前額葉」

調整額葉功能，計算秒以上時間的「大腦基底核」

連接大腦與腦其他部位的中繼地點「視丘」

「同時」是腦部創造的概念

將書本拿在手上，一邊看著下圖，一邊左右大幅晃動。與白字相比，在黑底之下的藍字看起來應該會移動比較慢，這是因為和周圍影像相比，深藍色的文字圖像對讀者來說是更早之前的影像。

事實上，腦部識別光的時間會受到環境的影響。人類看到「黑與白」這種亮度差異很大的影像（對比較強）時，可以在較短的時間內識別。另一方面，看到「黑色與深藍色」這種亮度相似的影像（對比較弱）時，則需要花較長的時間才能識別。因此，將影像左右搖動時，黑底藍字的部分會花較多時間識別，移動速度看起來比周圍慢。

光與聲音的時間差

腦部感受光、聲音、觸覺所花費的時間各不相同。舉例來說，實驗證實，假設人的眼前有個東西同時產生光與聲音，受試者會在0.17秒後感覺到光，在0.13秒後感覺到聲音。也就是說，當光與聲音同時出現時，我們會先聽到聲音。

不過，即使腦部在不同時間點分別接收到資訊，也可以將兩個資訊視為同時發生。如同電影會把人物配音、音效等聲音配上適當的畫面，我們也會將光與聲音的資訊依適當方式排列組合成「編輯後」的影像，形成最後看到的樣子。

不同的環境下，識別光與聲音所需的時間也各不相同。因此，腦部在識別這兩種資訊時常存在時間差。舉例來說，與明亮處相比，在陰暗處會花較多時間才能察覺光線變化。也就是說，和白天相比，人類在夜晚感覺到聲音與光線的時間差更大，所以腦部的修正幅度也更大。

若兩事件的時間差小於「同時性窗口」，就會被腦部視為同時發生。聽覺的同時性窗口約為0.05秒，觸覺約為0.01秒，視覺約為0.3秒。

明明是同時發生，卻感覺有時間差

利用腦部的特性，可以讓人誤以為同時發生的事件是在不同時間點發生。

首先，實驗室中同時發出聲音與光。受試者的腦部會先聽到聲音再看到光，兩者相差0.04秒，但因為腦部會修正時間差，所以受試者會認為是同時感覺到聲音與光。這個狀態持續數分鐘後，腦部會暫時性養成「現在這個環境中，若光與聲音有0.04秒的時間差，需視為同時」的偏好。

接著，設定聲音在光的0.04秒之後發出。原本受試者的腦部應該會同時感覺到光與聲音，但因為腦部已經習慣之前養成的同時性偏好，所以會認為聲音延後了0.04秒。也就是說，受試者會認為光比聲音早出現。

不過，如果這個新的時間關係持續數分鐘，腦部會再次忽略時間差，使感覺到聲音與光的時間再度同步。綜上所述，腦部所感覺到的「同時」會持續調整。

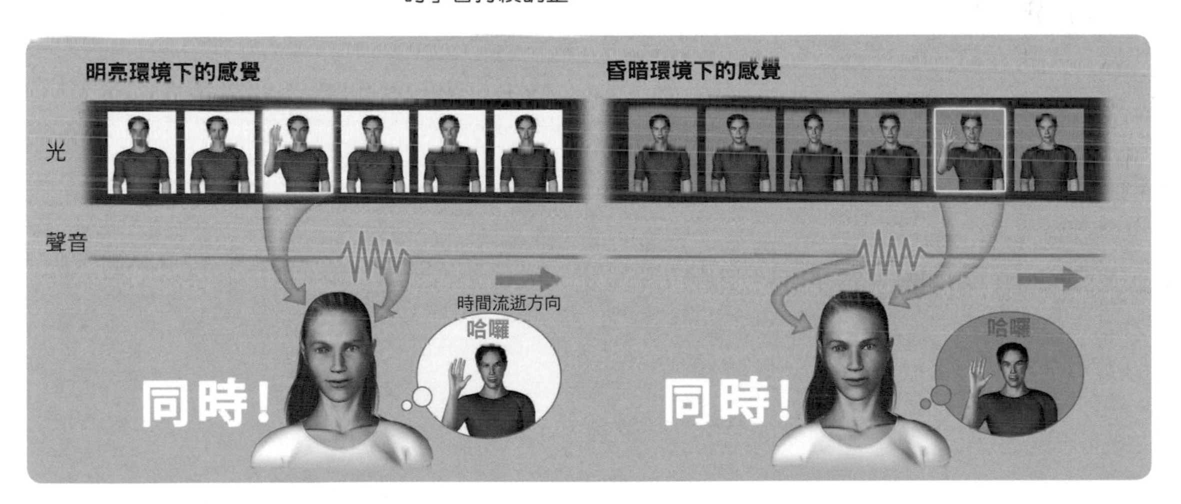

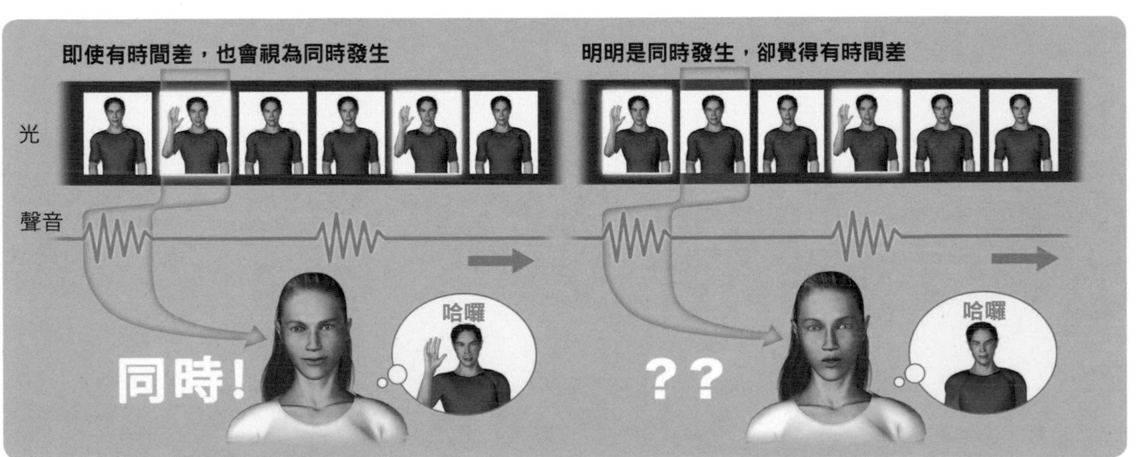

時間上的錯覺會讓我們看到想像中的世界

人類的意識除了會將各種資訊配上適當時間點，也會對其進行各種的編輯。以下介紹幾種時間知覺造成的錯覺。

造成足球裁判誤判的閃光延遲效應

受試者在螢幕上看到的影片中，會出現一個迅速往右移動的球。當球移動到畫面正中央時，球的正下方會瞬間出現一個箭頭。影片結束後，工作人員會詢問受試者箭頭出現時，球在哪個位置，受試者會回答「球在箭頭的右上方」。這種現象稱為「閃光延遲效應」（flash-lag effect）。

閃光延遲效應也是足球裁判誤判的原因之一。足球比賽中有一個重要規則「越位」（offside）。當裁判（線審）在裁定是否越位時，必須在球員傳球的瞬間精準判斷離球門最近的進攻方球員，以及防守方球員間的位置關係。如果此時朝球門衝刺的進攻方球員，比任何一個防守方球員（守門員除外）還要靠近底線，就會構成越位。

閃光延遲效應

螢幕中有一顆球迅速橫向移動。當球到達中央的瞬間，正下方會出現一個箭頭。若詢問受試者「箭頭出現時，球在哪個位置」，受試者會回答「在箭頭的右上方」。因為受測者會預判球未來的位置。

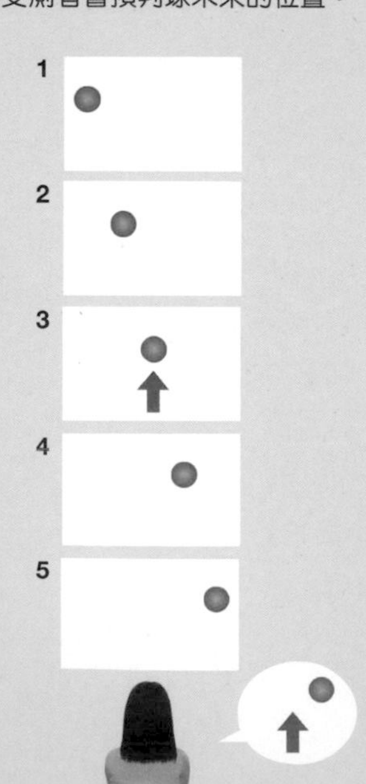

進攻方
防守方

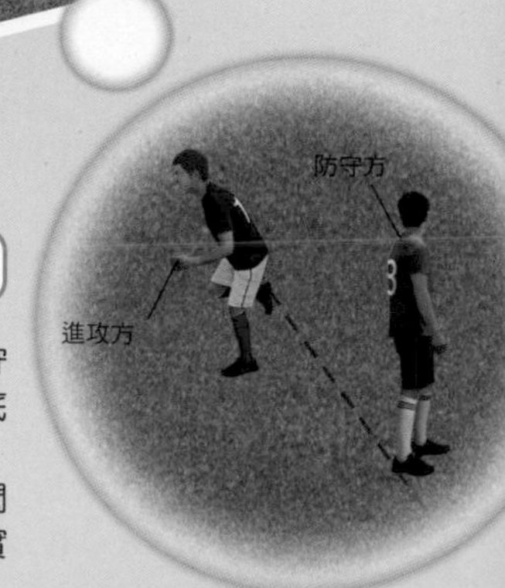

越位誤判

判定足球越位時，需在瞬間掌握進攻方球員與防守方球員間的相對位置。如果進攻方球員比較接近底線就會違例。

但如果進攻方球員正在往底線跑動的途中，在閃光延遲效應的影響下，裁判會認定進攻方球員比實際位置靠近底線，容易誤判球員違例。

然而，閃光延遲效應很可能會影響裁判的判斷。在裁判眼中，正在衝刺的進攻方球員看起來會比實際情況更靠近底線。

閃光延遲效應造成的誤判源自人體本身的錯覺，所以很難透過訓練減少誤判情況。

若注意力被吸引走就會弄錯事件發生順序

接著介紹會讓人弄錯過去與未來的錯覺。首先，在顯示器的左邊瞬間顯示「1」，於0.01秒後於右邊顯示「2」。此時受試者應正確描述「先看到1，再看到2」。

另一次實驗中，顯示器右邊先出現一個閃光，0.1秒後重複前面的實驗，也就是在左側顯示「1」，0.01秒後於右邊顯示「2」。此時受試者會描述「先看到2，再看到1」。

此現象被認為與「注意力」有關。即使同樣在視線範圍內，對於注意力較集中的區域周圍，我們的視覺也會比較靈敏。第二次實驗中，先在顯示器右側出現一個閃光，吸引受測者注意。這個效果會持續一小段時間，對受試者而言，右側的「2」會比「1」還要早被處理，所以受試者會覺得先看到「2」再看到「1」。

當面對周圍可疑的事物時，我們需要提早做出反應，所以腦部會盡可能優先處理重要資訊。這種機制對生存而言十分重要。

弄錯事件發生順序的錯覺

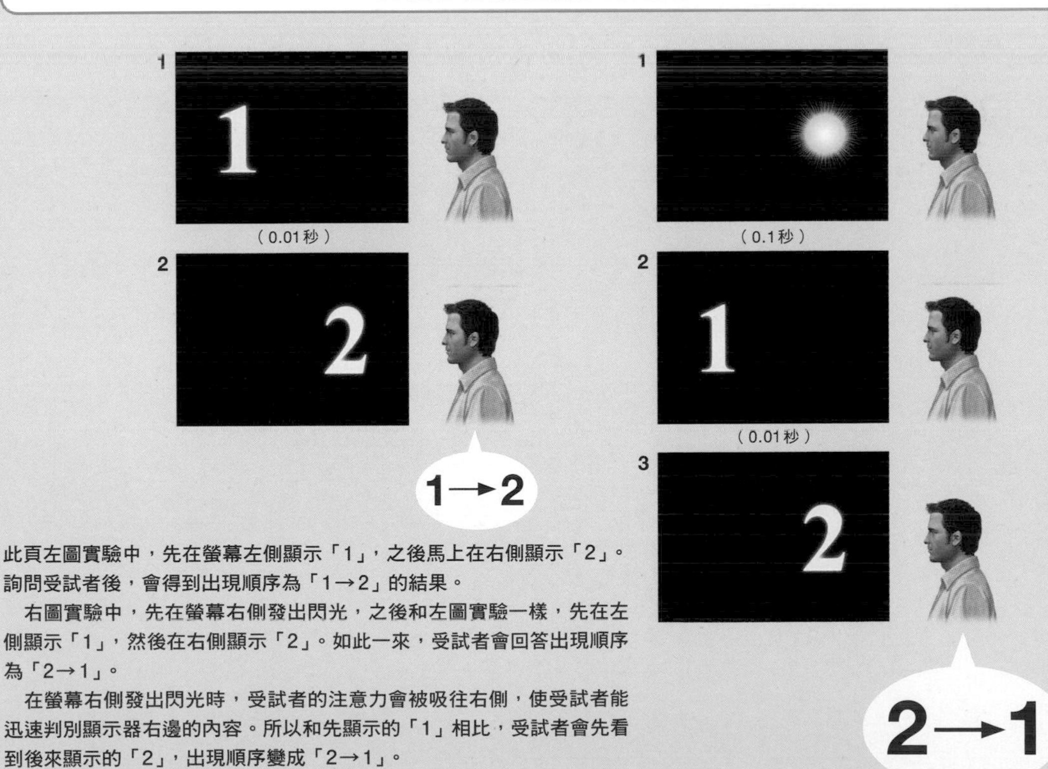

此頁左圖實驗中，先在螢幕左側顯示「1」，之後馬上在右側顯示「2」。詢問受試者後，會得到出現順序為「1→2」的結果。

右圖實驗中，先在螢幕右側發出閃光，之後和左圖實驗一樣，先在左側顯示「1」，然後在右側顯示「2」。如此一來，受試者會回答出現順序為「2→1」。

在螢幕右側發出閃光時，受試者的注意力會被吸往右側，使受試者能迅速判別顯示器右邊的內容。所以和先顯示的「1」相比，受試者會先看到後來顯示的「2」，出現順序變成「2→1」。

COLUMN

就是現在！但這真的是現在嗎？

1980年代，美國進行了一項耐人尋味的實驗。受試者可在自己認為恰當的時間點移動手指（或手腕），實驗人員再以儀器記錄此時的腦部活動狀況。

實驗中會測量受試者依自身的意識而決定移動手指的時刻（1），也就是腦產生運動指令訊號的時刻（2），以及手指實際的移動時刻（3）。直覺來看，三者順序應為1→2→3，但實際上的順序卻是2→1→3。在受試者做出決定前約0.35秒，就會產生運動指令訊號。

若接受這樣的結果，代表我們否定了「自由意志」，這實在很難讓人接受。但另一方面，也有人認為這樣的實驗結果「很合理」。

如果受試者先做出決定，腦部再依此活動，這樣的話最初做出決定的不是腦部了，而是獨立於腦部的存在，例如「精神」或「心靈」之類的東西（二元論，dualism），例如笛卡爾認為人是由心靈和身體兩部分所組成。身體是具有展延性的實體，在空間占有位置，也有形狀，不具備意識能力；心靈則是具有意識的實體，能有各種的心理狀態（如思想、情感、記憶、知覺、情緒等），但不占空間位置，也沒有形狀。身體和心靈是分開而不同的實體，兩者能夠分別獨立的存在；換言之，心靈的存在不需以身體為基礎，而身體的存在也不需心靈的支持。但這對科學家來說，這樣的結論實在難以接受。

意識與無意識扮演著不同角色

如果在行動前，腦部會無意識地活動，所謂的「意識」可能就不是支配行動或思考的存在，而是掌握自身狀況、思考、行動的機制。

我們所感覺到的周遭狀況，時間點比「現在」的實際狀況還要早一些。不過我們的腦部卻會在意識做出決定之前就開始活動……。說不定「我現在就在這裡，依照自己的意識行動」的感覺，只是一種看起來很真實的幻想。

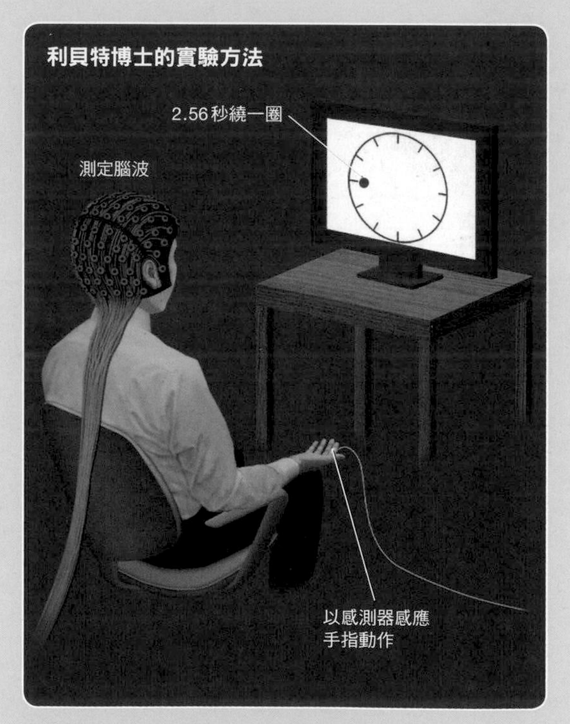

實驗方法

加州大學舊金山分校的利貝特博士（Benjamin Libet，1916～2007）所進行的實驗。受試者需看著2.56秒繞一圈的時鐘，並自行決定要在時鐘轉到哪裡時移動手指。實驗人員會測定受試者的腦波以記錄腦部活動，並以感應器記錄手指實際在哪個時間點運動。

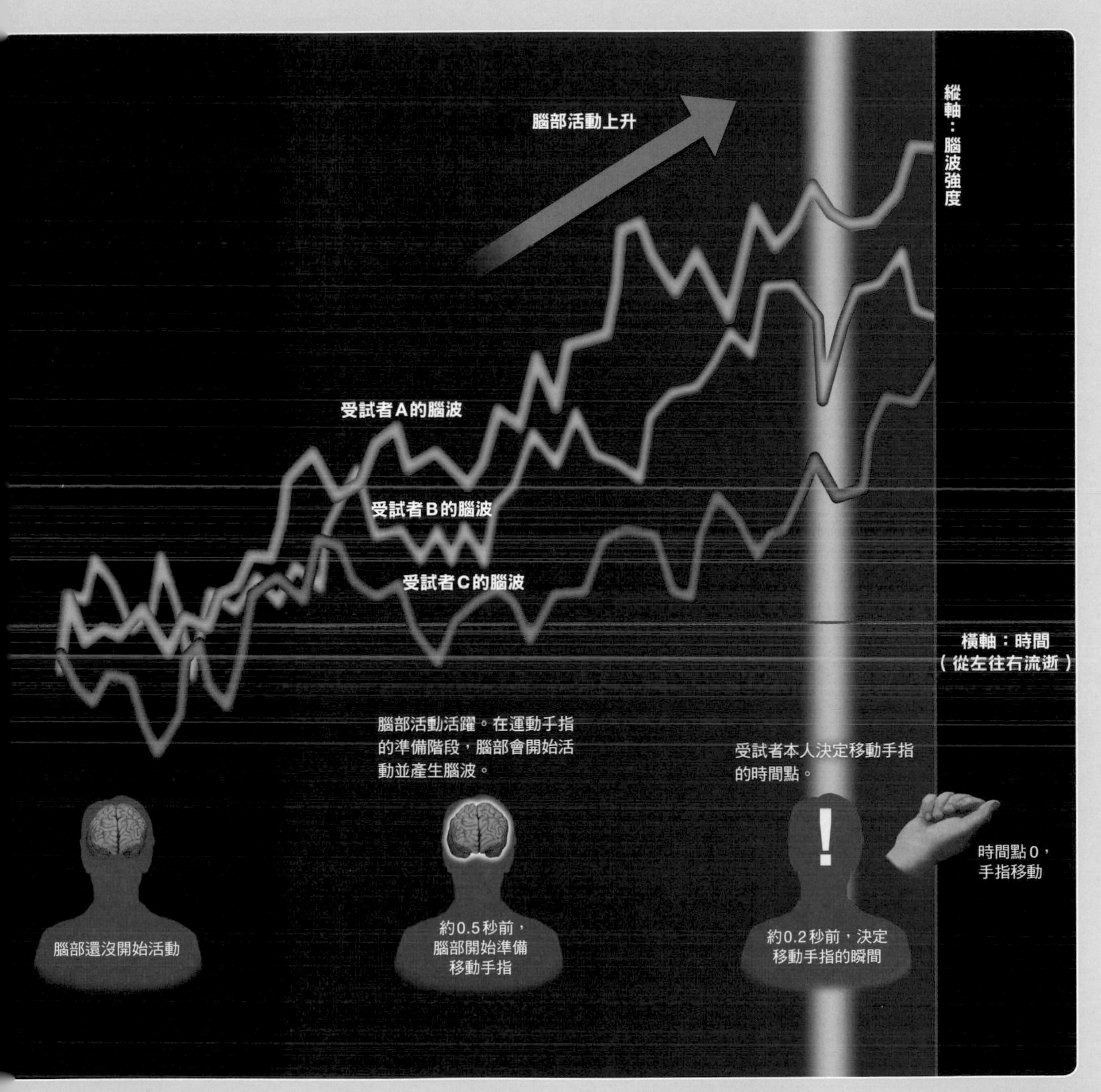

自由意志是幻想嗎？

圖中列出部分利貝特博士的實驗結果。三個顏色的折線圖分別表示不同受試者的腦波記錄。以手指實際移動的時間點為基準，腦部會在動作前約0.5秒或更早開始活動準備移動手指。而受試者本人決定移動手指的時間點，平均為手指移動前0.2秒。

人們會設法拖延抉擇的時間

過去心理學家已知人們常會趕不上截止時間，這是人類固有的行動模式。趕不上有許多原因，其中「開始著手處理的時間點太晚」是常見原因之一，這是一種不想降低自身價值的「自我防衛機制」（ego defense mechanism）所引起的心理作用。

為了不讓自己的價值降低，人們的行動會偏向「積極地不做選擇」。但若想積極地在截止時間前完成讀書或工作的目標，就不得不在各個階段做出選擇。

如果積極地做出選擇但最後卻失敗了，就會產生「如果那時候的自己不選擇就好了」的想法，反而降低自我價值。另一方面，如果消極地應付了事，即使最後失敗，也會覺得因為自己並沒有做出選擇或判斷，自己並沒有錯。

拖延的另一個理由

自我防衛機制的另一個例子是「自我妨礙」（self-handicapping）。假設某人想要盡快把工作完成而早點開始處理工作，但努力卻沒有相應成果，最後趕不上截止時間，此時心中會產生「都花了那麼多時間處理工作卻還是失敗，自己真沒用」的想法。另一方面，同樣是失敗，如果很晚才開始處理工作，就會覺得「因為作業時間不足，才會有這種結果」，而不會否定自己的能力。

例如「逃避」就是一種常見的自我妨礙行為。在面對重要的考試或工作時，有些人會開始打掃房間或做其他平常不會做的事，即為一種顯而易見的逃避行為。

在這種自我防衛機制的作用下，一般人不會把失敗的原因歸咎於自己，也不會改變自己的行為，進而重複相同的失敗。

選項太多會讓人覺得不太愉快？

乍看之下，選項很多是件好事，實際上卻會讓人感到不太愉快。選擇某個選項就代表必須放棄其他選項，特別是在重要的考試或工作時，如果選擇失敗，就會覺得自己要負擔這個重大責任，所以會延後做選擇的時間。

面對拖延

人類具有想趕上截止時間的特性。因此建立起「目標梯度」(goal gradient effect)就讓人能夠積極、愉快地完成目標。

包括人類在內的許多動物，在越靠近距離或時間上的目標時，行動就會越積極，越享受其中的樂趣。因此，如果截止時間還很久，可在終點前設定多個較小的目標並排出順序。

最重要的是，計畫必須在截止日的數週前、數個月前擬定完成。人類在面對遙遠未來發生的事時，考慮的範圍會比較廣；面對近期發生的事時，則只會把目光放在眼前的

事物上。即使眼前都是瑣碎的事物，也會覺得這些事很重要，使容易導致判斷出錯。

檢討過去擬定的計畫

擬定計畫並開始實行後，需時常回顧「在這段期間內，是否有確實依計畫行動」，若不如預期就必須重新擬定計畫；如果計畫如預期進行，則可以給自己一些獎勵，增加信心。

不過，失敗的記憶不容易被記住，因此若要將經驗活用到下一次計畫，只有記憶並不可靠，行動後必須留下相關紀錄，說明作業需要多少時間，什麼樣的情況下容易失敗等。

小小的目標

也稱為「目標梯度」。利用「越接近截止日，越會積極投入作業」的心理作用，維持幹勁與樂趣。

不同生物的生物時鐘也不一樣

包含人類在內的各種哺乳類，都具有週期約為24小時的「生理時鐘」。而生理時鐘也常見於鳥類、爬行類、魚類、昆蟲、植物等生物，統稱為「生物時鐘」（biological clock）。不同物種的生物時鐘由不同部位控制。動物的生物時鐘多與松果體、腦、視網膜有關。對於不同物種來說，各部位的功能也不一樣。

哺乳類的左右視神經交叉處上方具有「視交叉上核」（suprachiasmatic nucleus）。視交叉上核遭破壞的大鼠會失去晝夜行動的節律，卻沒有其他明顯的障礙。另外，倉鼠與大鼠的視交叉上核遭破壞後，若是將其他個體的視交叉上核移植過來，大約24小時後就能夠恢復週期性的節律行為（rhythmic behavior）。如同機械時鐘，所有個體中都具有共通的結構。

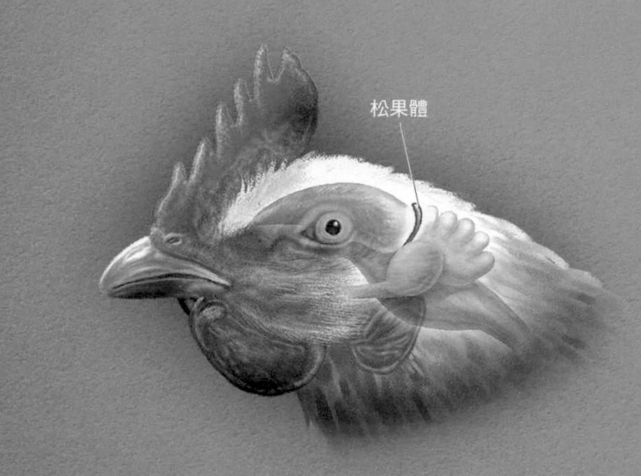

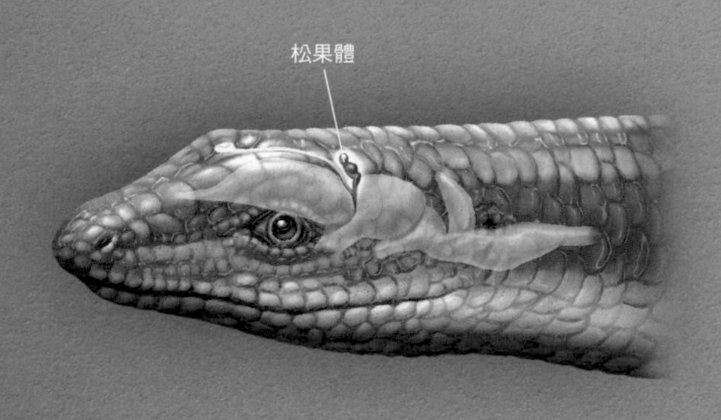

鳥類、爬蟲類、魚類的生物時鐘

圖中標示出與生物時鐘有關的松果體位置。

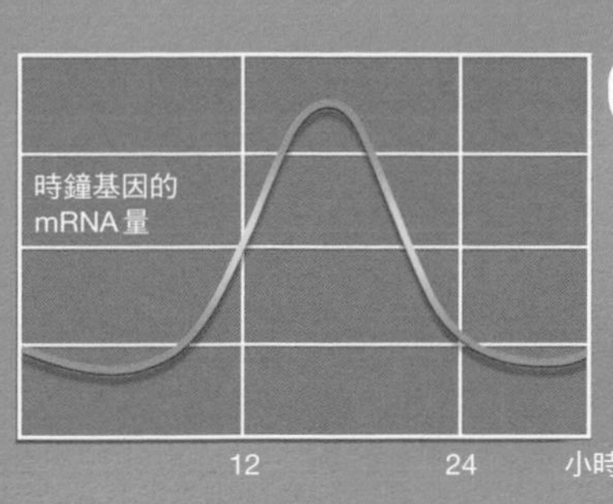

細胞內約每24小時的週期變化

構成生物時鐘的細胞中，來自時鐘基因的mRNA物質量變化會以約24小時為週期。個體的24小時週期由此產生。時鐘基因將於後續的篇幅中詳細介紹。

依照光來調整生物時鐘

生物時鐘會受周圍環境的光線影響並進行微調。

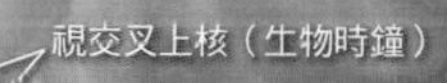

人類等哺乳類的生物時鐘

若視交叉上核遭破壞，將會失去以24小時為週期的行為節律。

SECTION 74

Biological clock

生理時鐘

生理時鐘以1天為週期

生理時鐘在專業領域中稱作「晝夜節律」（circadian rhythm），是指「產生1天內生理規律的機制」。我們的體溫、血壓等數值，以及控制睡眠與清醒的激素濃度，都會在1天內依規律變化。支配這些變化的就是生理時鐘。

目前的研究指出，人類生理時鐘的週期平均約為24.2小時。不過因為遺傳性的個人差異，多數人約落在前後20分鐘的範圍。

體內狀態會在1天內大幅變動

人類體內以「約24小時的週期」變化的三項數值，包括與睡眠有關的「褪黑激素」（melatonin）、與清醒有關的「皮質醇」（cortisol）這兩種激素的血中濃度，以及體溫。下午2點左右會開始想睡覺，就是因為體內的節律所造成。

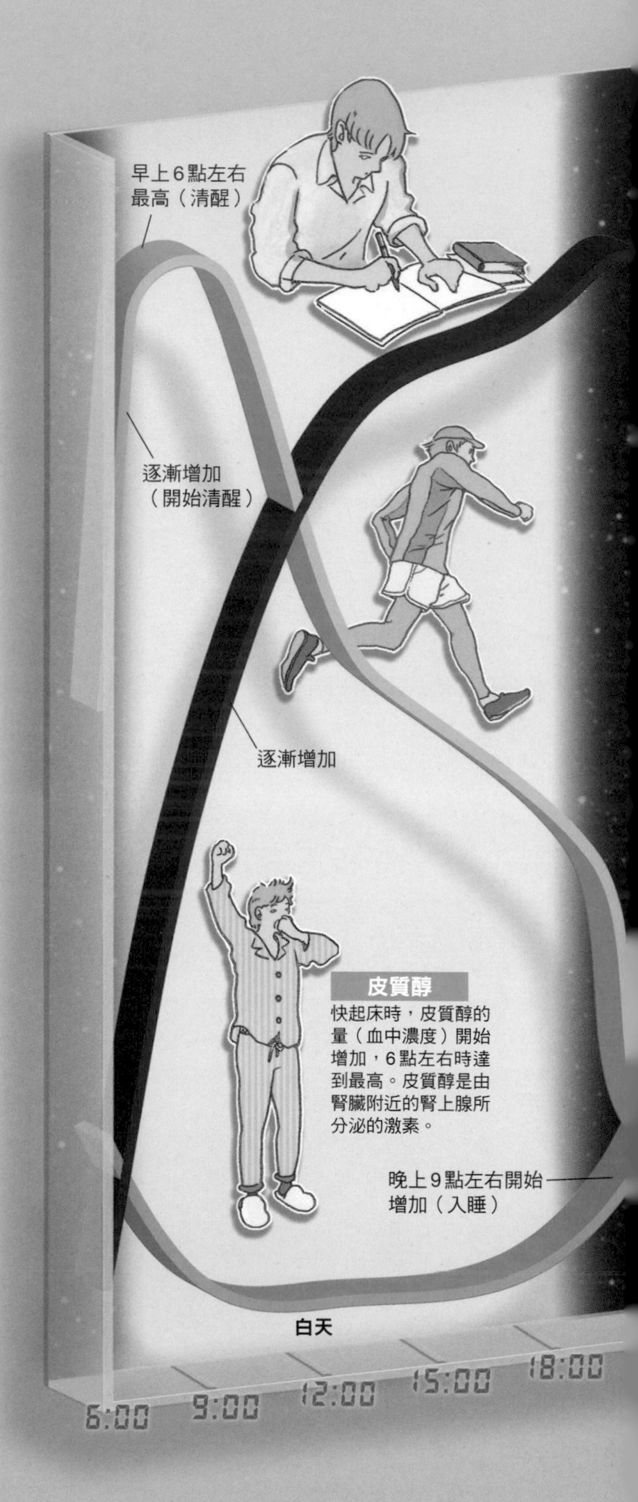

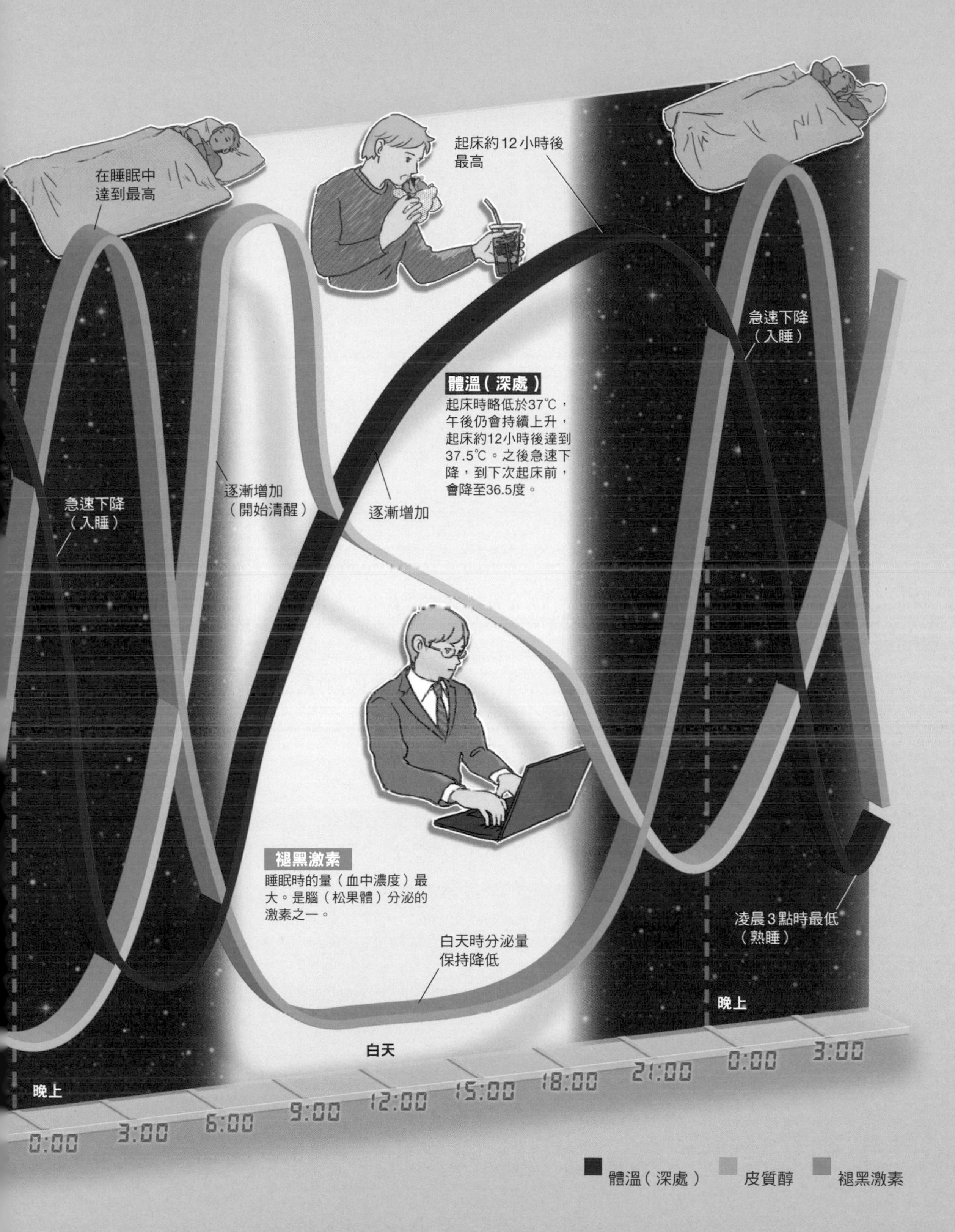
在睡眠中
達到最高
起床約12小時後
最高
急速下降
（入睡）
體溫（深處）
起床時略低於37℃，午後仍會持續上升，起床約12小時後達到37.5℃。之後急速下降，到下次起床前，會降至36.5度。
急速下降
（入睡）
逐漸增加
（開始清醒）
逐漸增加
褪黑激素
睡眠時的量（血中濃度）最大。是腦（松果體）分泌的激素之一。
凌晨3點時最低
（熟睡）
白天時分泌量
保持降低
晚上
白天
晚上
0:00
3:00
6:00
9:00
12:00
15:00
18:00
21:00
0:00
3:00
體溫（深處）
皮質醇
褪黑激素

COLUMN

決定睡眠與清醒的生理時鐘機制

生理時鐘會大幅影響我們的生活規律，睡眠是最明顯的例子。當夜晚來臨時我們會想睡覺，到了白天則會醒來，這種睡眠與起床的時間規律是由生理時鐘決定。

告知夜晚來臨的激素

下圖為三種激素在一天內的血中濃度變動。其中「褪黑激素」會隨著生理時鐘控制分泌量。到了夜晚，褪黑激素的血中濃度會升高，也叫作「告知夜晚來臨」的激素。褪黑激素增加時，身體的活動量會下降，進而讓人想睡。

控制睡眠的另一個因素

睡眠不只受生理時鐘控制，也會受到「疲勞

激素濃度的變化

睡眠過程及其前後一段時間內，3 種激素的血中濃度變化。相對於「告知夜晚來臨」的褪黑激素，於天亮起床時才逐漸增加分泌量的「皮質醇」則被稱作「清醒激素」。

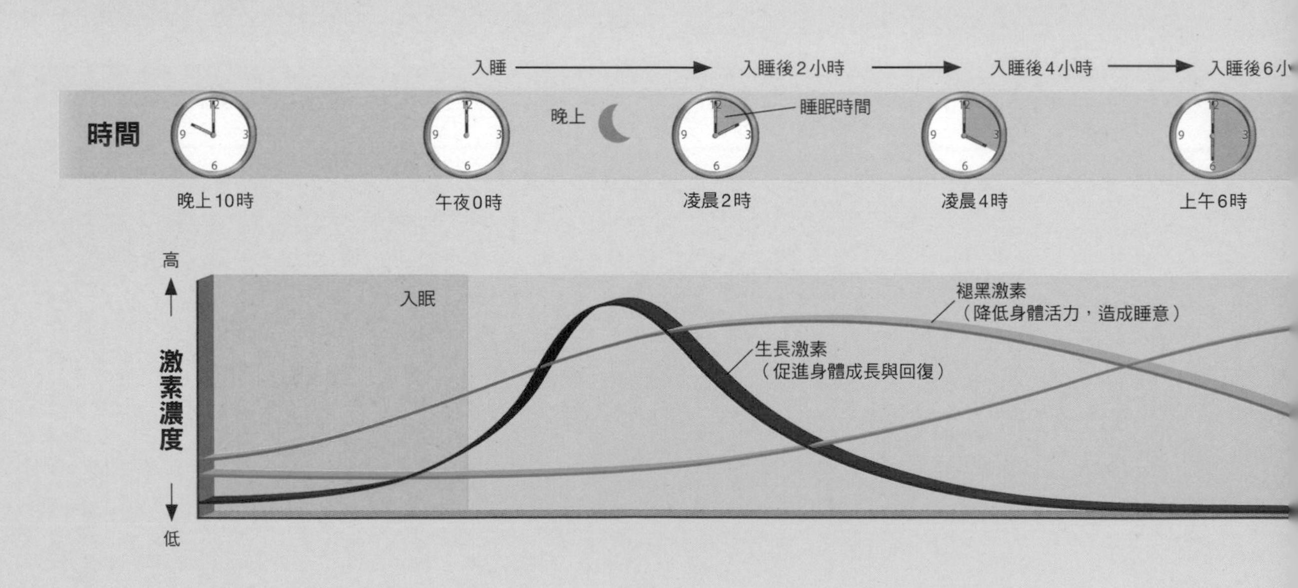

睡眠不只受生理時鐘控制，也會受到「疲勞造成的睡意」控制。也就是說，劇烈活動與長時間清醒時，會在體內累積「睡眠物質」(睡眠誘發物質)。當睡眠物質累積到一定量後，就會讓人想睡，與時間無關。

當睡眠物質作用於腦部掌控睡眠的部位（睡眠中樞，sleep centre）時就會引發睡眠。另一方面，腦中也存在掌控清醒的部位（覺醒中樞，waking center）。腦部透過這兩個部位互相拮抗，控制個體的睡眠與清醒。睡眠中樞的活動越強，個體就越想睡；覺醒中樞的活動越強，個體則越清醒。

怎麼樣才算是「好的睡眠」

綜上所述，睡眠由「生理時鐘」與「疲勞造成的睡意」所控制。到了夜晚，若生理時鐘造成的睡意，以及累積的睡眠物質造成的睡意同時降臨，就會讓人舒服好眠，一覺到天亮。

不過，如同前面所提及的內容，每個人的生理時鐘週期各有差異。另外有研究指出，如果在隔絕外界的房間中生活，不知道外界的晝夜變化，1天的週期就會逐漸偏離24小時。為了避免這種事發生，早上起床後曬太陽就成了很重要的事。陽光進入眼中後能「與腦部的時鐘對時」。相反地，如果一直處於明亮的房間內工作到很晚，褪黑激素的分泌規律就會亂掉，造成睡眠不規律。

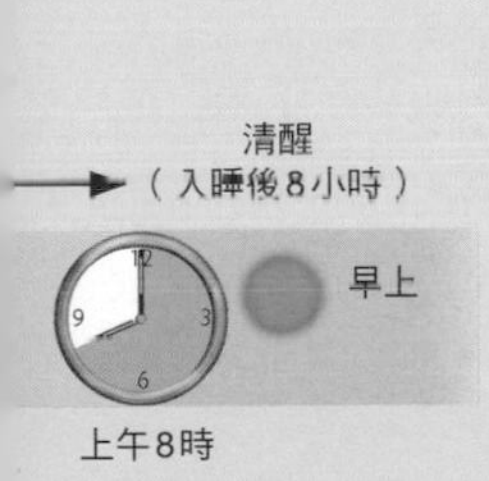

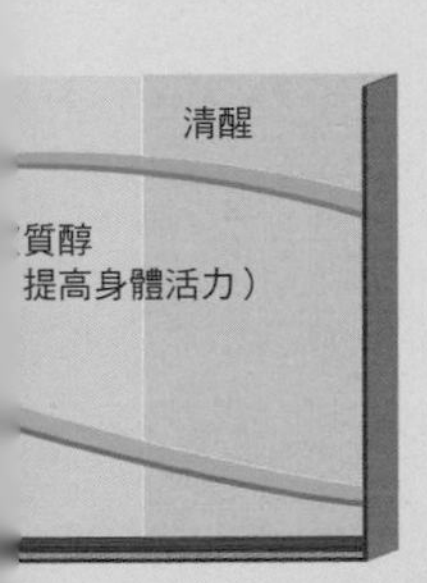

改自Van Coevorden, et al., 1991

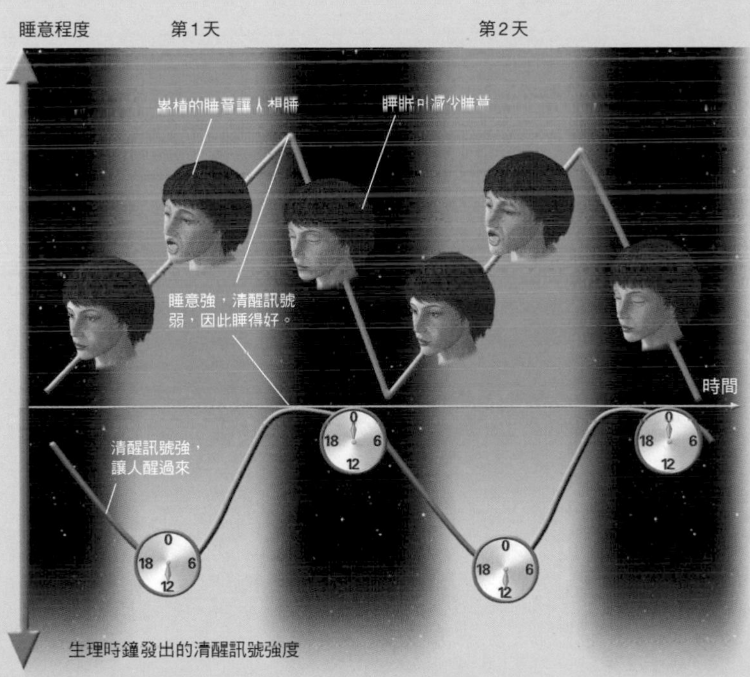

睡意強、生理時鐘的清醒訊號弱時都會讓人想睡

當疲勞造成的睡意與生理時鐘同步時會自然產生睡意

上圖為由疲勞造成、睡眠與清醒中樞控制的睡意，以及生理時鐘在1天內的週期變化示意圖。橫軸為時間，粉紅色折線圖代表疲勞造成的睡意強度（越上方代表越想睡）；紫色曲線表示生理時鐘傳送的清醒訊號（越下方代表越清醒）。通常睡意越強清醒訊號越弱，使個體能自然入眠。

細胞內的「單擺」——時鐘基因

過去人類已知動植物的行為會以24小時為週期。至於為什麼會有這樣的週期則一直不得其解。生理時鐘究竟是如何計算1天的長度？

1971年，美國的本澤博士（Seymour Benzer，1921～2007）與科諾普克博士（Ronald J. Konopka，1947～2015）挑出許多晝夜節律被打斷的果蠅作為研究對象，發現這些果蠅的某個基因都不正常，他們將這個基因命名為「*Period*」。

1984年，美國的霍爾博士（Jeffrey Hall，1945～）、羅斯巴希博士（Michael Rosbash，1944～），以及楊恩博士（Michael Young，1949～）等人首次為*Period*進行基因定序，並發現由*Period*基因製造的「PER蛋白質」，會在細胞內以24小時為週期增減。PER蛋白質在各個細胞內的增減，如同「單擺的振盪」，打造出個體的生理時鐘。

該貢獻讓他們獲頒2017年的諾貝爾生理醫學獎。

生理時鐘由蛋白質量的增減造成

細胞會在1天內發生以下事件。首先，*Period*基因合成PER蛋白質（晝→夜）。當細胞內累積過多的PER蛋白質時，PER蛋白質會與細胞核內的*Period*基因作用，抑制PER蛋白質自身的合成（夜）。於是PER蛋白質便會因為自然分解而逐漸減少（夜→晝）。細胞內的PER蛋白質減少後，會再次開始積極合成PER蛋白質（晝）。

含羞草
含羞草在白天時會展開葉片，晚上則會閉起葉片。18世紀的一項實驗將含羞草放入全暗的環境，證明含羞草也具有生理時鐘。

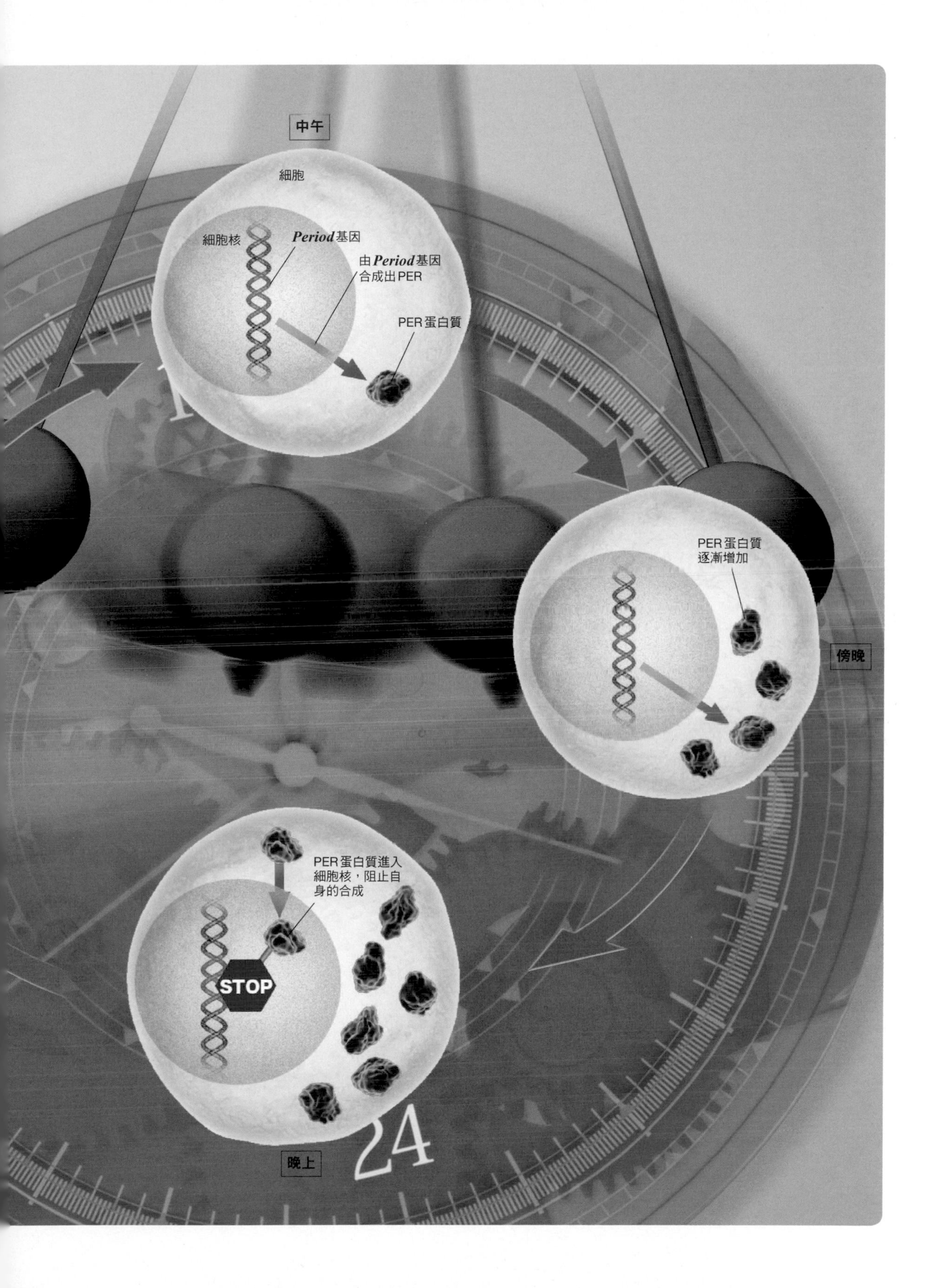
中午
細胞
細胞核
*Period*基因
由*Period*基因
合成出PER
PER蛋白質
PER蛋白質
逐漸增加
傍晚
PER蛋白質進入
細胞核，阻止自
身的合成
STOP
晚上
24

生理時鐘需要多個基因的「搭配」

如同前頁中提到的，PER蛋白質會作用在*Period*基因上阻礙自身的合成。不過DNA位在細胞核內，而蛋白質通常在細胞核外製造，PER蛋白質要如何進入細胞核內與*Period*基因作用呢？另外，細胞又會如何調整週期長度至24小時呢？

1994年，楊恩博士從晝夜節律紊亂的果蠅中，發現了第二個時鐘基因「*Timeless*」。而*Timeless*基因製造的「TIM蛋白質」則會在細胞核外與PER蛋白質結合，將PER蛋白質帶進細胞核內。

接著楊恩博士還發現了「*Doubletime*」基因，由*Doubletime*基因合成的「DBT蛋白質」可分解PER蛋白質，延緩PER蛋白質在細胞內累積。也就是說，DBT蛋白質可延長週期。

後來科學家還發現了許多可調節生理時鐘的蛋白質，例如依照太陽光強度調整PER蛋白質濃度的蛋白質等。

蛋白質的週期性增減，可決定細胞內的時間週期

以科學家們熟悉的果蠅生理時鐘機制為例，圖中畫出了生理時鐘中的5種主要「零件」如何作用。這些零件皆為蛋白質，PER蛋白質與TIM蛋白質的量在晚上會增加，到了白天則減少，約24小時為一個週期。它們的增減與其他「零件」有關。目前已確認20多種以上的蛋白質與生理時鐘有關。

從早晨到中午

從早晨到中午，*Clock*基因會製造出CLK蛋白質，*Cycle*基因會製造出CYC蛋白質。

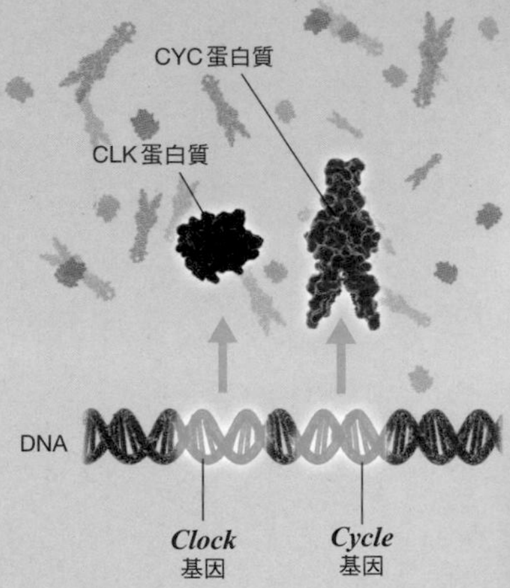

CYC蛋白質
CLK蛋白質
DNA
*Clock*基因
*Cycle*基因

註：CLK、CYC、PER的結構分別參考自PDB ID：5F5Y、5EYO、3RTY。各別形狀皆為標準結構。

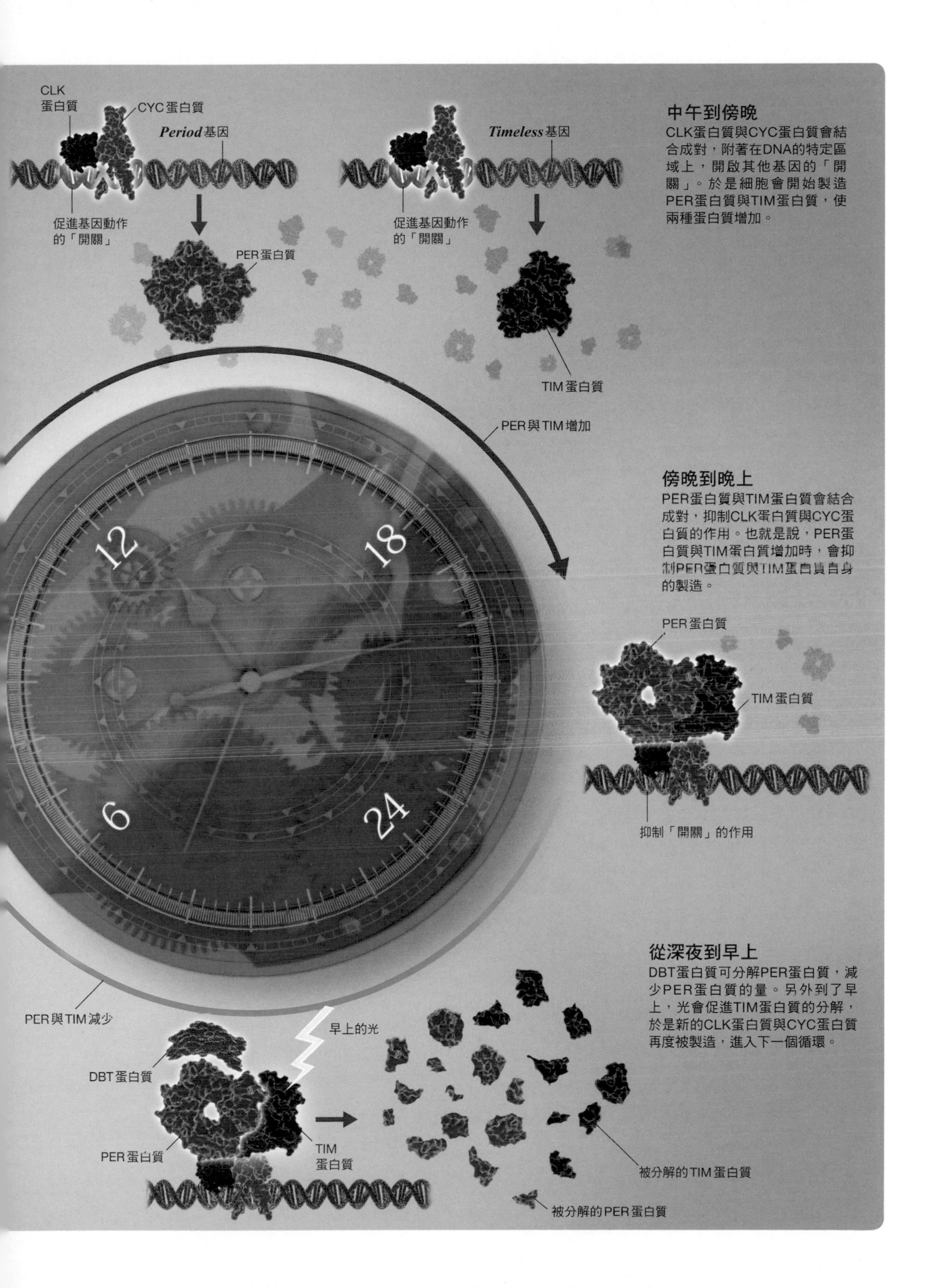
CLK
蛋白質
CYC蛋白質
*Period*基因
促進基因動作
的「開關」
PER蛋白質
*Timeless*基因
促進基因動作
的「開關」
TIM蛋白質
中午到傍晚
CLK蛋白質與CYC蛋白質會結合成對，附著在DNA的特定區域上，開啟其他基因的「開關」。於是細胞會開始製造PER蛋白質與TIM蛋白質，使兩種蛋白質增加。
PER與TIM增加
12
18
6
24
傍晚到晚上
PER蛋白質與TIM蛋白質會結合成對，抑制CLK蛋白質與CYC蛋白質的作用。也就是說，PER蛋白質與TIM蛋白質增加時，會抑制PER蛋白質與TIM蛋白質自身的製造。
PER蛋白質
TIM蛋白質
抑制「開關」的作用
從深夜到早上
DBT蛋白質可分解PER蛋白質，減少PER蛋白質的量。另外到了早上，光會促進TIM蛋白質的分解，於是新的CLK蛋白質與CYC蛋白質再度被製造，進入下一個循環。
PER與TIM減少
早上的光
DBT蛋白質
PER蛋白質
TIM
蛋白質
被分解的TIM蛋白質
被分解的PER蛋白質

彼此相似卻又各有差異的生物時鐘

許多生物的體內都具有生物時鐘，過去的生物學家認為，早期的生物已演化出生物時鐘機制。不過隨著基因研究的進行，生物學家發現不同生物中，構成生物時鐘的分子各有不同。而現在的生物學家認為，每種生物在演化過程中，分別演化出各自的生物時鐘系統，後來卻逐漸演化成性質相似的系統。

現在的生物時鐘系統大致上可以分成動物、植物、真菌、藍菌等四種。舉例來說，包含人類在內的哺乳類，生物時鐘的週期由「Clock」、「BMAL1」、「Period」、「Cry」等四種基因的蛋白質控制。另一方面，藍菌的生物時鐘則與「***kaiA***」、「***kaiB***」、「***kaiC***」等三種基因有關。

不同的時鐘系統

一般認為，哺乳類的24小時晝夜節律是由時鐘基因製造出的蛋白質量所控制。不過藍菌的晝夜節律似乎是由蛋白質的「磷酸化」（於物質上加上「磷酸根」）決定，這個過程不需要消耗能量合成或分解蛋白質，具有一定的合理性。

因此，各種生物依照自己的需要，獨自「開發」自己的生物時鐘，歷經演化的自然選擇後，留下來的生物幾乎都擁有性質類似的生物時鐘。

專欄 COLUMN

沒有生物時鐘的馴鹿

就連細菌這種原始生物都有生物時鐘，但某些哺乳類體內卻沒有。例如生活在北極圈的馴鹿，牠們生活的地區在某些日子中，太陽一整天都不會升起，另一些日子中則一整天都不會西沉。在此地區生活幾個世代後，體內的生物時鐘自然而然就消失了。

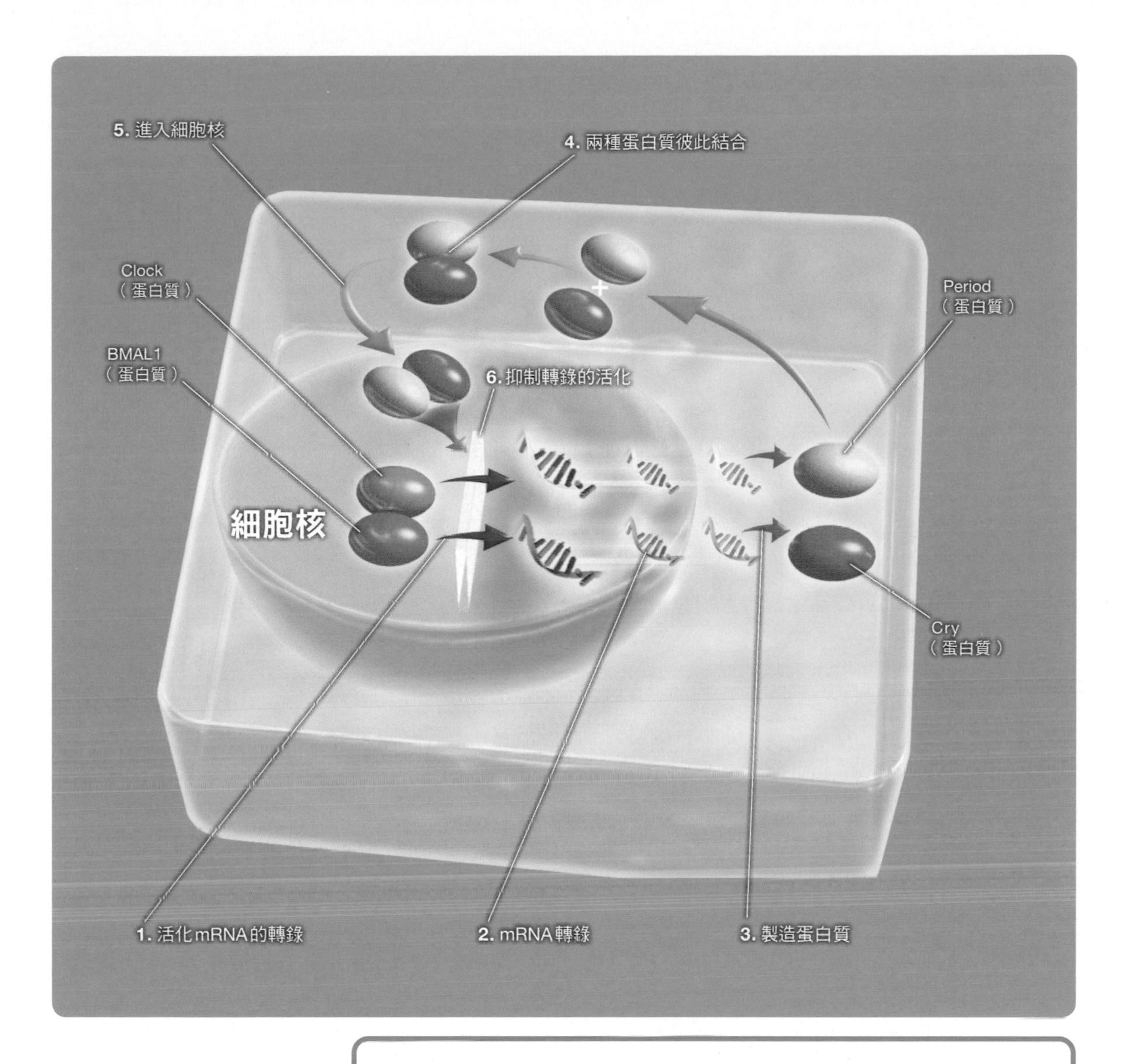

由蛋白質的量控制時間

哺乳類的生物時鐘機制示意圖。目前研究認為哺乳類會控制基因表現，調整蛋白質產量，藉此產生生物時鐘的節律。

COLUMN

為什麼生物時鐘那麼重要？

我們平常使用的「時鐘」會以24小時為週期循環運作。這是因為對我們的日常生活而言，24小時的週期十分重要。

許多生物的作息也都是以24小時為週期，從細菌到人類皆是如此，故可以想像這種生物時鐘是所有生物共通的機制。以24小時為週期變化的節律稱作「生物時鐘」（晝夜節律），動物或是人類的生物時鐘則常稱作「生理時鐘」。

為什麼所有生物體內都具有以24小時為週期的時鐘呢？這和孕育所有生物的地球環境有很大的關係。提到24小時週期，最先想到的應該是地球自轉週期。地球每24小時會繞地軸中心自轉一圈。地球自轉時，太陽在空中的位置也會跟著改變。從地球的角度，太陽會從東方升起，西方落下，接著會有一段時間進入夜晚看不到太陽，過陣子後，太陽再從東方升起，持續循環下去。

也就是說，隨著地球的自轉，有太陽的白天與沒有太陽的夜晚會交替出現，以24小時為一個週期。白天在陽光的照耀下而氣溫較高；夜晚的氣溫則較低。只要待在地球上就無法避免白天與晚上的週期性環境變化。

對地球上的生物來說，必須及早知道白天何時會變成晚上，或還有多久會天亮。所以在長久的演化史中，生物演化出了「生物時鐘」。

使用生物時鐘判斷方位的鴿子

鴿子或候鳥可以由太陽的位置判斷方位。假設在訓練階段時，於早上9點將鴿子帶到鴿巢北邊放飛，當訓練完畢後，不管是早上9點或下午3點放飛鴿子，鴿子都能依照當時的太陽位置判斷鴿巢所在的南方方位，順利回到鴿巢（左）。

若在人工照明下飼養一段時間，使鴿子的生物時鐘（生理時鐘）延後6個小時，再於下午3點時將鴿子帶到鴿巢北邊放飛（右）。由於鴿子的生物時鐘還在早上9點，所以會把太陽實際所在的西南方誤認為是早上9點時的太陽方位，也就是東南方。換言之，鴿子判斷方位時會出現90度的誤差，所以不會往鴿巢所在的南方飛行，而是朝著西方飛行。

生物必須要預測未來

然而，即使生物失去生物時鐘也不會馬上死掉。物種存續的基本要素包括「生殖」與「代謝」。生殖是自我複製，留下自己的子孫，以及DNA等遺傳物質；代謝則是從體外攝入必要物質，以製造蛋白質。這些蛋白質可引發各種化學反應，維持個體生命與各種體內活動。

即使沒有生物時鐘，生物的生殖與代謝差別也不會太大。事實上，喪失生物時鐘功能的細菌在實驗室內培養時皆能順利繁殖。因此，對生物的生存來說，生物時鐘並非絕對必須的功能。既然如此，生物為什麼需要生物時鐘呢？

如果沒有同時考慮生物與其生活的環境，就無法看出生物時鐘的重要性。例如人類會看時鐘決定之後要做什麼，生物也會依照生物時鐘決定接下來的行動並做好準備。

例如蜻蜓或蟬等昆蟲會在黎明時從幼蟲蛻皮（羽化）成成蟲，但要是在天亮後才開始準備蛻皮，就趕不上最佳的蛻皮時間了。所以這些生物需要透過生物時鐘估計什麼時候天亮，事先做好蛻皮的準備，才能在天亮時順利羽化。生物時鐘就是用來預測這方面的事情。

除了預測之外，生物時鐘也是生物獲得環境變化資訊的重要工具。舉例來說，生物可以透過生物時鐘知道晝夜長度差別，並由此得知季節。知道季節後，植物能夠調整開花時間，動物也可以決定何時要進入繁殖活動。

另外，生物時鐘也可以用來計算方位。例如候鳥或蝴蝶，或許能透過季節、時間、太陽位置等資訊判斷方位，再以此判斷前往目的地時該往哪個方向飛行。

綜上所述，生物時鐘可以提高地球上各種生物的生存能力，是相當重要的工具。

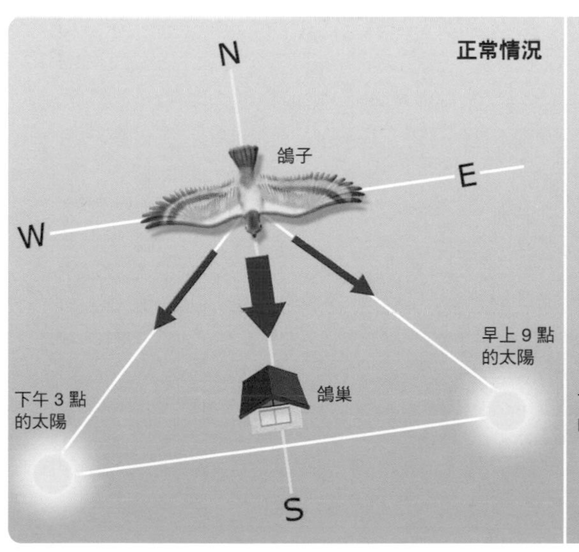

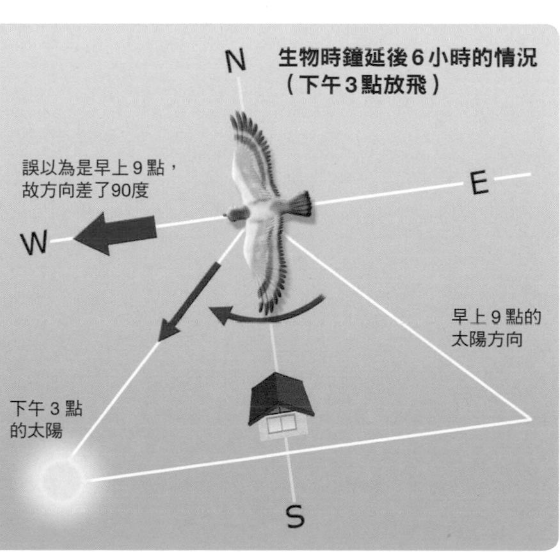

生理時鐘紊亂
會導致各種疾病

某些人的「PER2」（一種*Period*基因的）蛋白質有個地方與正常蛋白質不同，到了傍晚時會開始想睡，晚上8點時就得睡覺，而且天亮前就會起床，這種疾病叫作「睡眠相位前移症候群」（advanced sleep phase syndrome）。

另一些人則是「PER3」蛋白質的1個地方與正常蛋白質不同，與上述的例子相反，他們要到快天亮時才會睡著，而且會睡一整個早上，這種疾病叫作「睡眠相位後移症候群」（delayed sleep phase syndrome）。除此之外，還有些人一天可以只睡4～6小時，且身體不會出現任何狀況，這可能是因為他們體內的「DEC2」蛋白質突變，這種蛋白質與生理時鐘的週期有關。

前面提到的都是比較極端的例子，另外像是晨型人、夜型人等與生活節律有關的個人差異，有時也和基因有關。

藍光會打亂中樞時鐘

基本上生理時鐘的週期其實相當固定。有研究指出，即使是1954年起於暗房飼養、代代繁殖至今的果蠅，它們的晝夜節律也和一般的果蠅沒有差異。

造成生理時鐘週期紊亂的最大原因是進入眼睛的光。大致上來說，早上6點～下午3點左右的光線刺激，最多會讓生理時鐘提早2小時左右；下午3點～早上6點左右的光線刺激，最多會讓生理時鐘延後2小時左右。特別是智慧型手機畫面等裝置發出的藍光（blue light），波長約為460奈米左右，帶來的影響特別大。視神經負責將眼睛的資訊送至大腦，而部分視神經細胞內，含有易與藍光反應的分子視黑素（melanopsin）。這些分子產生反應後，會影響到中樞時鐘的運作，並反應在生理時鐘上。

末梢時鐘會因為用餐
而出現變動

用餐後，胃或肝臟的末梢時鐘會開始運作。吃早餐或晚上10點以後不吃東西等，可以有效維持生理時鐘正常運作。有時末梢時鐘也會影響到中樞時鐘的運作。

研究指出，生理時鐘紊亂時會提高代謝症候群、心肌梗塞、老年失智症等疾病的風險。維持規律的生理時鐘對健康十分重要。

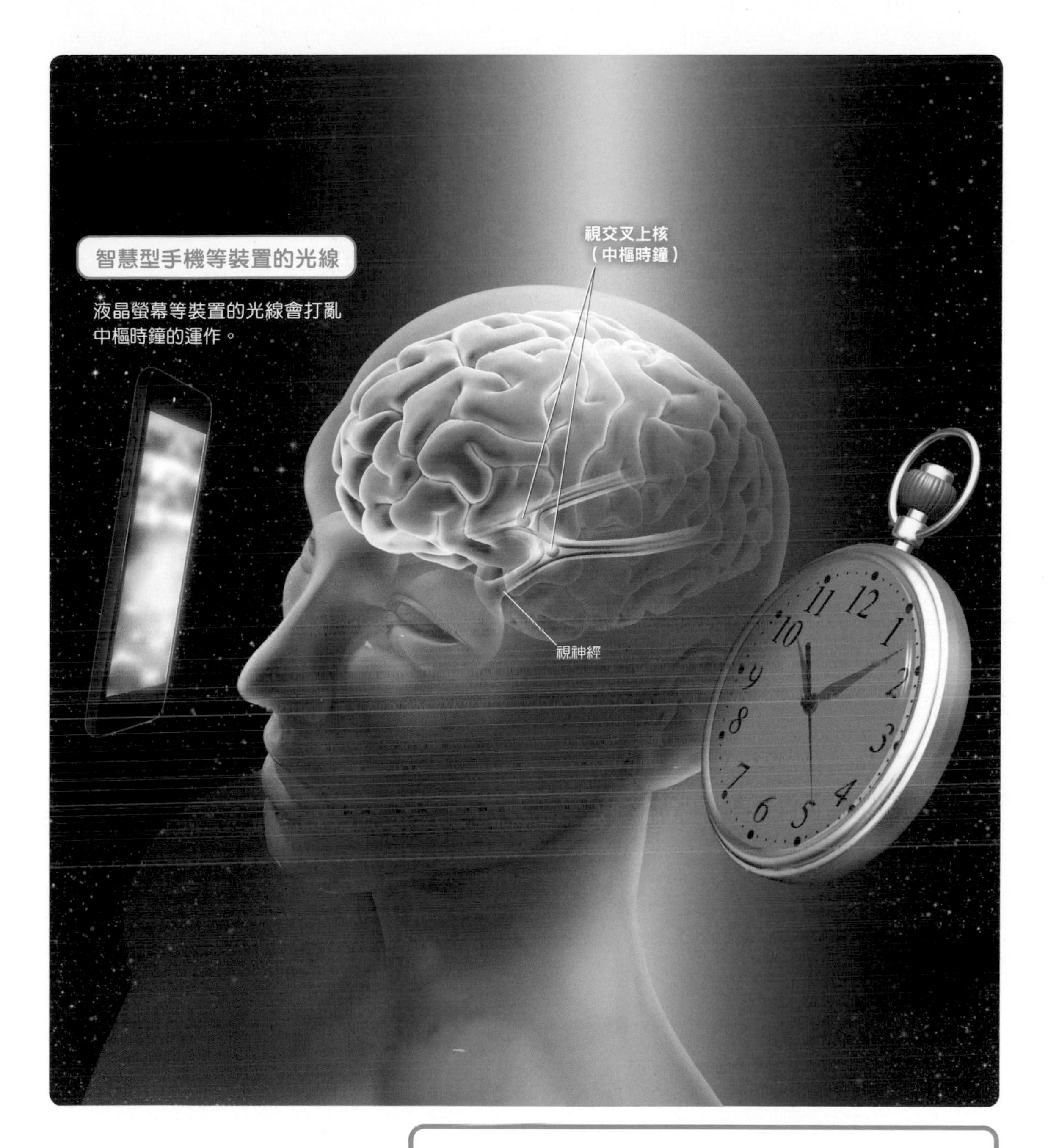

中樞時鐘與末梢時鐘

全身細胞各自的生理時鐘機制稱為「末梢時鐘」，可維持各內臟、組織需要的節律。相較於此，雙眼後方的視交叉上核稱作「中樞時鐘」，可透過自律神經與激素，調整末梢時鐘的時間。近年研究指出，這兩個生理時鐘的運作機制並非完全相同。

COLUMN

時差也是由生理時鐘造成

到國外旅行時是否也有過晚上難以入睡，白天卻很想睡覺的經驗呢？這種由「時差」造成的疲勞，原因也出在生理時鐘上。

腎臟附近的腎上腺會分泌名為「皮質醇」的激素，刺激交感神經（sympathetic nerve）。交感神經會在人們運動時活躍起來，白天時特別活躍。分泌至血液的皮質醇量有一定規律，以24小時為週期。上午4點時濃度最高，下午8點（20時）時濃度最低。濃度最高的時刻之所以在起床前不久，是為了讓休息中的身體恢復到活動狀態。

那麼，當我們到國外旅行時會發生什麼事

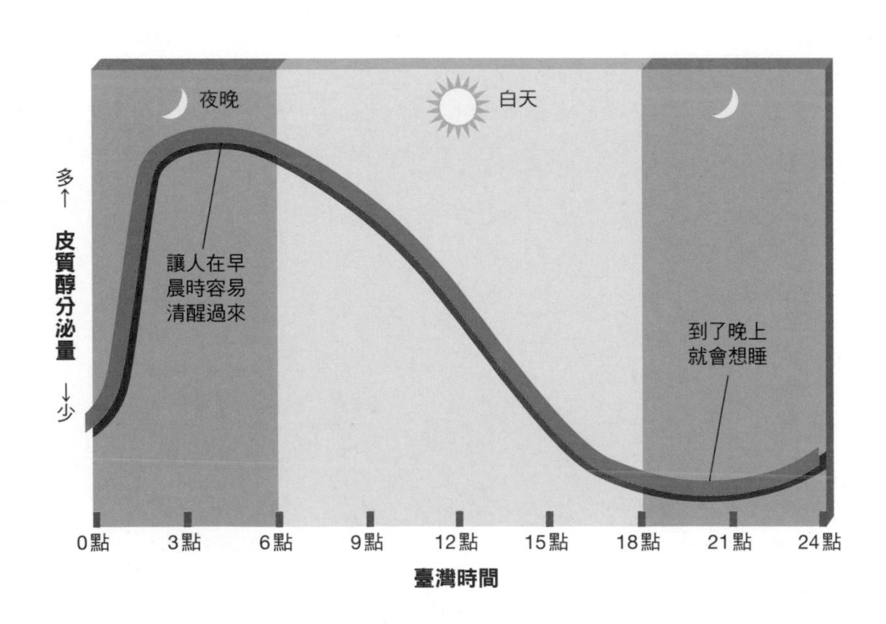

呢？要注意的是，人到了國外後，體內的皮質醇分泌規律仍與在臺灣時相同。也就是說，皮質醇於上午4點時分泌量最大，但當地時間可能是夜晚。於是體內交感神經會被刺激活化，準備開始活動，使人在深夜仍相當清醒，到了白天反而會開始想睡。之所以有時差，是因為生理時鐘的時間與外部環境的時間出現了落差。

生理時鐘不只會影響睡眠，也會影響腸胃功能，進而影響食物的消化、吸收。因此，有些時差還沒調回來的人會沒有食慾。除了飛行造成的時差之外，如果護理師從早班突然換到夜班，也會出現類似時差的症狀。

生理時鐘會被光線重設

當然，時差並不會一直持續下去。通常時差在2週內就會完全調過來，因人而異。這是因為生理時鐘有個特徵，就是生理時鐘與外部環境的時間落差，可透過光線重置。有一種調時差的方式，就是「即使很想睡也要照到早上的陽光」。早上的陽光可以重設生理時鐘，重整體內各種時間。可見生理時鐘能夠彈性調整。

時差產生機制

下圖為「皮質醇」分泌量變化的示意圖。皮質醇是一種可以刺激交感神經的激素，在上午4點時分泌量最大，可讓身體做好起床與開始活動的準備。

假設我們來到時間晚8小時的英國，皮質醇分泌量最高峰會在英國時間的晚上8點（20點）。這個時間的身體會很想活動，所以會在晚上醒過來，到了白天時卻變得很想睡。

事實上，除了皮質醇之外，還有多種激素與生理時鐘有關。

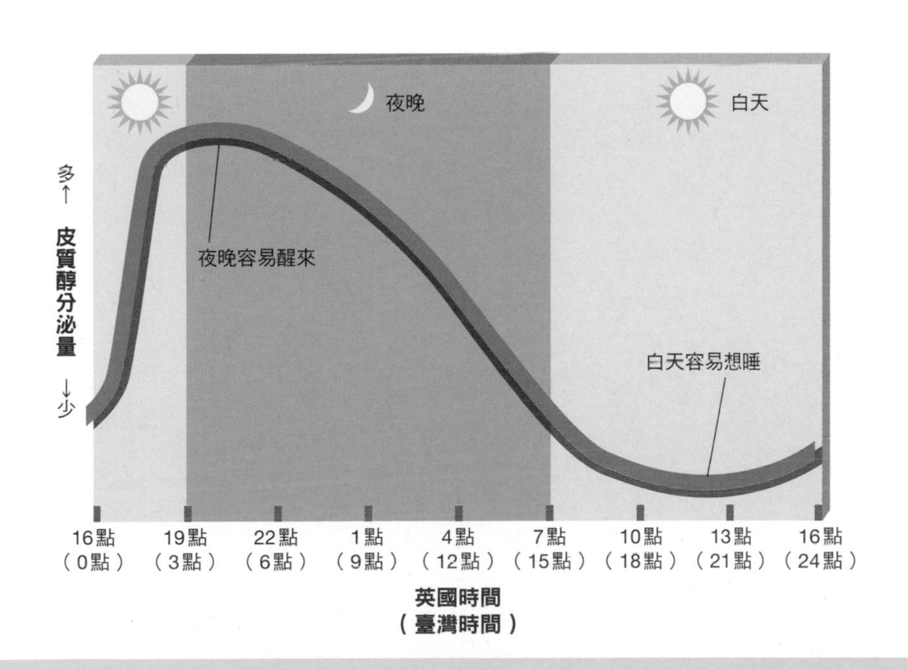

不同時間點的身體運作效率也各不相同

我們的身體狀態變化，大致上會依循週期24小時的生理時鐘，而大幅影響身體運作效率。若能善用這點，就能更加提升工作與學習的效率。

從傍晚到夜晚的期間，我們身體的代謝速率會降低，體溫則會升高。實驗證實，這是1天中最適合進行勞力工作、養成短期記憶的時段。所謂的短期記憶，是指可維持數小時左右的記憶，例如電話號碼、密碼、初次見面的人的名字等。

另一方面，讀書、寫企劃、安排事項、預測未來等需要理解力與判斷力的作業，最好

能在相對較早的時間帶進行，成效會比較好。也就是說，與勞力工作相比，早上做一些要動腦的工作會比較有效率。

早上適合進行什麼樣的活動？

近年來，許多日本人開始早起，並在早上讀書、學習、運動、做喜歡的事，稱為「朝活」。但如果對照生理時鐘的規律，會發現並沒有哪個活動適合在這個時段進行。相對來說，在早上運動反而會提高某些症狀發病的風險，例如循環系統的疾病。

另外，如同前面所提，與記憶相關的事並不適合在這個時段進行，此時的短期記憶效率較差。而且已有研究證實，對學習有幫助的記憶（英文單字、數學式等）需在睡眠後，才能定著在記憶中。也就是說，比起減少睡眠時間刻意早起學習，不如好好睡眠，才能提高學習效果。

提高作業效率

身體狀態會隨著生理時鐘變化。為了提高作業效率，應選擇適當的時間區段。

了解體內時鐘性質，妥善運用每一天

除了以24小時為週期運作的生理時鐘之外，我們體內還有一個以12小時為週期的生理時鐘。依照這個週期12小時的生理時鐘，我們會在14點左右產生睡意。有睡意的時候無法保持專注力，而在30分鐘左右的午睡後，就能恢復專注力。30分鐘左右的睡眠並不足以定著記憶，但如果午睡太久，晚上又睡不著。午睡只是為了消除白天的睡意與疲勞，回復專注力。

有時即使知道時間的正確使用方式與這麼做的原因，還是會為了想早點完成工作，忍著睡意與疲勞進行作業，這時候就需要利用「後設認知」（metacognition）。

後設認知是指把自己放在較高的位置，俯瞰並分析目前的狀況，也就是客觀分析「自己是一個即使很疲勞、想睡，仍會想繼續作業的人」，將這樣的行為模式結合「想睡的時候作業效率會變差」的知識，並冷靜改以「現在先暫停工作，小睡一下吧」，進而有效率地完成工作。

打造一個容易集中注意力的環境

想提升集中力需要「助跑」，才能保持高度專注力，有效運用時間。也就是說，重點在於作業途中不要有其他事情干擾。例如預先關掉手機的電源，並拜託周圍的人不要在某個時段拜訪或聯絡。

另外，如果桌上與房間凌亂不堪則容易分心，使專注力下降。因此保持周圍環境乾淨整齊，也是提高時間運用效率的方法之一。

生活型態不同的人生理時鐘也不一樣嗎？

每個人的生理時鐘都有自己的「個性」，例如早睡早起的「清晨型」（morning type）、晚睡晚起的「夜晚型」（evening type），以及介於兩者之間的「中間型」（intermediate type）等。近年來的研究指出，每個人的生理時鐘類型由基因決定。清晨型的生理時鐘週期比24小時略短，夜晚型的生理時鐘週期則略長。而且如果勉強自己改變生活型態會產生健康問題，因此有人認為清晨型的人最好過著晨型生活，夜晚型的人則最好過著夜型生活。

生理時鐘會消失嗎？

如同188頁的介紹，在北極圈內生活的馴鹿已喪失了生理時鐘的功能，這是為了適應「一年中的某些日子，太陽一整天都在地平線上」的北極圈環境。

另外，對於太陽下山後仍然會在燈光下過生活的人類來說，生理時鐘是否會有任何變化呢？

照明約於150年前左右普及，目前並沒有研究指出在這段期間內，人類的生理時鐘有產生明顯變化。不過我們並不曉得隨著世代更迭，人們的生活型態是否會跟著轉變，其可能性並不是零。

生理時鐘會改變嗎？

在150年間，隨著照明的普及，人們的生活型態逐漸與晝夜脫鉤。這種生活型態的變化，是否會影響到未來人類的生理時鐘，甚至消滅生理時鐘呢？

Check!

基本用語解說

GPS
Global Positioning System。計算三個繞著地球轉的GPS衛星與訊號接收器（智慧型手機或汽車導航等）分別的距離，可定位訊號接收器的位置。這個系統能定位地球上的任何一個位置。

mRNA
messenger RNA。基因資訊轉錄後的產物，可轉譯成蛋白質。RNA合成酵素會以基因（DNA）為模板，製造出mRNA，接著其他酵素再用mRNA製造出蛋白質。由DNA製造出RNA的過程稱為「轉錄」。

大腦基底核
大腦皮質下神經細胞聚集的部位。接收身體各處傳來的輸入訊號，透過視丘傳遞至大腦。功能包括對運動或時間感覺的處理、產生慾望與情感、控制衝動等，與多種複雜的腦功能有關。

大霹靂
在大霹靂宇宙論中，宇宙誕生自一場大爆炸。誕生後不久的宇宙會急遽膨脹（暴脹時期）。暴脹時期結束後，能量會轉變成物質與光，使宇宙處於超高溫、超高密度的熱平衡狀態。在這之後，宇宙以較慢的速率（相對於暴脹時期）持續膨脹、持續冷卻，並生成各種星體。

不定時法
將1天分成晝與夜，再分別將其等分的時間制度。因為晝夜長度會隨著季節改變，所以「每個等分」的時間長度並不固定。日本江戶時代時，分別將晝與夜6等分，每個等分稱作「1刻」（即中華文化的1個時辰）。

中子
與質子共同構成原子核的粒子。

中子星
主要由中子構成的星體。高密度並會高速自轉，可能是質量超大的恆星在超新星爆炸後形成的星體。中子星高速自轉時會釋放出電漿，故可以觀察到週期性的電磁波輻射。

中天
太陽剛好位於正南方的時刻。

公轉
行星週期性繞行恆星的運動。衛星繞行行星、太陽系繞行銀河系中心的運動也屬於公轉。

日行跡
每天在同一個地方、同一個時間拍下太陽的位置，持續記錄1年，可以得到8字型的軌跡。這個軌跡稱為日行跡。

牛頓力學
由牛頓提出，說明物體受力後會如何運動的理論。舉例來說，只要知道球被拋出瞬間的速度、方向、高度，就可以用牛頓力學計算出球的落點。

世界協調時間（UTC）
類似世界時（UT），除了自轉之外，還會考慮到潮汐摩擦等影響的時間。會以閏秒調整，使世界協調時間與世界時的差異在0.9秒以內。

世界時（UT）
由地球自轉決定的時間。

平均太陽日
由平均太陽時衍生出來的1天長度。太陽在空中的運動軌跡會隨著季節改變。若假設一個虛構太陽，其運動軌跡為實際太陽的平均，由這個虛構太陽決定的1小時就叫作平均太陽時。相對於此，從太陽的中天時刻到下一次中天時刻花費的時間稱為真太陽日。

平衡狀態
兩個以上的相反事物同時發生、互相扯平，整體外觀上並沒有任何變化，稱作平衡狀態。例如力學平衡就是多個力彼此平衡的狀態。

斥力
兩種物質之間彼此排斥的力。相對的，彼此吸引的力則叫作引力。

正電子
電子的反粒子，除了帶有正電荷之外，質量等性質皆與電子相同。

石英
石英錶中包含以石英製成的振盪器。當電流通過石英振盪器時會產生振盪，計算振盪次數可得到精確的時間。

光速
光傳播的速度。真空中的光速約為每秒30萬公里。

共振頻率
以特定頻率的電磁波照射原子時，原子會吸收能量，轉變成激發態。此頻率稱為「共振頻率」。

因果律
「所有現象中，較早發生者為原因」的概念。這是包含物理學在內所有科學的大前提。如果時空旅行成真，有辦法回到過去的話，結果（未來）就會影響到原因（過去），使因果律遭破壞，所以許多科學家皆不認為「回到過去的時空旅行」可以實現。

夸克
原子核由核子（質子與中子）構成，而核子則由夸克這種基本粒子構成。

成對生成
與成對湮滅相反，集中在真空中一點的能量，生成一對粒子與反粒子的現象。

成對湮滅
粒子與反粒子（質量相同，電荷相反的物質）相遇時，彼此抵消而消滅的現象，會釋放出能量。

伽瑪射線
一種電磁波，屬於放射線。波長比可見光短，能量比可見光大。放射性物質於自然衰變時會釋放出伽瑪射線。天文學家也發現了多個會放射出伽瑪射線的脈衝星。

克卜勒定律
由克卜勒發現，與行星運動有關的定律。包含了第1定律（行星會繞著太陽公轉，公轉軌道為一個橢圓，太陽在橢圓的一個焦點上）、第2定律（行星與太陽之連線在固定時間內會劃過一定面積）、第3定律（行星公轉週期的平方，與軌道長半徑的三次方）。

亞光速
接近光速的速度。

奇異物質
能量密度為負的物質，目前僅存在於理論中。

封閉系統
與外界有能量交流，卻沒有物質進出的系統。如果物質與能量皆不與外界交流，則稱作孤立系統。若物質可自由進出，則稱作開放系統。

相對論
以「所有（局部）慣性系統皆存在相對關係性」為基礎的理論框架，可分為狹義相對論與廣義相對論。相對論與量子論並列為現代物理的基礎。

原子核
由質子與中子構成，與電子共同構成原子。

原子鐘
以原子振盪次數為基準，精準度非常高的時鐘。現在的1秒，是用銫133原子鐘定義的出來的時間。除了銫之外，銣與氫也可用於製作原子鐘。

時矢
由英國天文學家愛丁頓提出，表示時間為單方向性的詞，說明時間只會從過去朝向未來。我們身邊就有許多例子可以說明這個概念，例如「熱力學的時矢」、「宇宙論的時矢」、「意識的時矢」。

時空
時間與空間的組合。

格里曆
從1582年使用至今的曆法，由額我略十三世引入。

真空
壓力比大氣壓還要低的空間。若完全不存在空氣等物體，則稱作「絕對真空」。不過，任何東西都不存在的狀態不可能實現，乍看之下像是真空狀態的太空，仍存在著些許物質。

脈衝星
會釋放出週期性電磁波（無線電波或X射線），並被我們觀測到的星體。其真面目被認為是中子星。

基本粒子
構成物質的最小單位。透過實驗確認的基本粒子包括夸克、輕子、規範玻色子、希格斯玻色子等。輕子包括電子、微中子、緲子等。夸克是構成強子（質子與中子）的基本粒子，無法單獨取出。

國際原子時（TAI）
由全世界的原子鐘所計算出來的平均時間。

基因
遺傳物質，上面有建構整個生物體的資訊，幾乎所有生物的基因都是由DNA構成。DNA可轉錄成RNA，再轉譯成蛋白質，該過程稱為「基因表現」。

蛋白質
由多個胺基酸分子連接成鏈狀的分子。基因的DNA轉錄成mRNA後，可再「轉譯」成蛋白質。

速度
運動中的物體在單位時間內的位置改變量，需考慮運動的方向（向量）。另一方面，「速率」則是速度的大小，不需考慮方向。

都卜勒效應
如果發出波（聲波或電磁波等）的物體或觀測者，與傳遞波的介質有相對運動，觀測到的波頻率會出現變化。光的都卜勒效應中，如果波源與觀測者的距離越來越遠，頻率會下降（紅移）；如果距離越來越近，頻率會上升（藍移）。

普朗克長度
光速、普朗克常數、重力常數等三個常數所衍生出來的長度，約為1.62×10^{-35}公尺。

普朗克時間
光速、普朗克常數、重力常數等三個常數衍生出來的三個常數之一，另外兩個是普朗克長度、普朗克質量。普朗克時間約為5.39×10^{-44}秒，是光在真空中前進普朗克長度時花費的時間。

虛數時間
僅在計算過程中出現，以虛數表示的時間。虛數是平方後為負數的數。

視交叉上核
位於視神經交叉處上方、視丘下方的一對神經核，可控制哺乳類的晝夜節律。

量子論
描述物理量僅能取離散值的理論，是物理學的理論框架，與相對論並列為現代物理學的基礎。

晝夜節律
也叫作circadian rhythm。體溫與激素分泌等，以24小時週期反覆變動的生理現象。會因為光或周圍其他刺激而受調整。目前已確認許多生物，包括各種動物、植物等，都有晝夜節律。

閏秒
為了修正「由地球自轉決定的時間」（UT）及「由原子鐘決定的時間」（TAI）之間的差異而使用的時間調整工具。當兩者時間相差超過0.9秒時就會加上閏秒。

陽曆
如儒略曆、格里曆這種以太陽的運行為基準的曆法。另一方面，以月球圓缺為基準的曆法則稱作「陰曆」。

　陰曆1年只有354天，很快就會產生季節上的落差。所以每隔幾年就需要插入一個「閏月」，將1年調整成13個月。這種調整後的曆法稱為「陰陽合曆」。

黑洞
重力極強，連光都無法逃出的區域。黑洞的邊界稱作事件視界。

微波
頻率從300 MHz到30 GHz的電磁波總稱。微波爐、手機、雷達、通訊等都會用到微波。

電子
擁有負電荷，屬於基本粒子中的輕子。與原子核共同組成原子。

慣性定律
也稱為牛頓第一運動定律。只要外界不施加力量，物體就會保持現在的運動狀態。靜止的物體會保持靜止，運動中物體會保持一定速度持續運動。

熱寂
由熱力學第二定律（熵增加定律）推導出來的宇宙結局。當熵值增加到無法再增加的程度時，整個宇宙就會處於熱平衡狀態，不再發生任何現象。

緲子
一種屬於輕子的基本粒子，可能帶有正電或負電。質量是同為輕子之電子的207倍，壽命約為100萬分之2秒。

質子
擁有正電荷的粒子，與中子共同構成原子核。

質量
物體被移動的難度。與「重量」不同，不管是在地球上或在宇宙中測量，得到質量都相同，不會因為測量環境而改變。

儒略曆
由凱撒頒布的陽曆。從西元前45年起，以歐洲為中心普遍使用於西方世界。

激素
由體內的內分泌腺生成、分泌，調整體內代謝、循環、腎功能、細胞分化成熟的物質。多會透過血液循環系統運送至遠方，作用於特定細胞（目標細胞）。激素有100種以上，每種激素都只要微量就能夠發揮功能。

激發
原子、分子、離子從較穩定的一般狀態，轉變成較不穩定之高能量狀態的過程。粒子間的撞擊、吸收電磁波等，皆可激發粒子。

頻率
波在1秒內的振動次數，單位為赫茲。可以反過來用共振頻率來定義1秒。

關係說
相較於牛頓的絕對空間與絕對時間概念，萊布尼茲認為空間與時間並不是一開始就存在，而是在多個事物之間產生的「關係」。這種位置關係、順序關係是萊布尼茲的時空觀。

Index

索引

Newton

Staff

Editorial Management　木村直之
Editorial Staff　中村真哉，生田麻実
Cover Design　小笠原真一（株式会社ロッケン）
Design Format　小笠原真一（株式会社ロッケン）
DTP Operation　阿万 愛

Photograph

158-159	Rawpixel.com/ohayou!
178	adogslifephoto/stock.adobe.com
174-175	hakinmhan/stock.adobe.com
176-177	thanksforbuying/stock.adobe.com
188	Torbjrn/stock.adobe.com
196-197	metamorworks/stock.adobe.com
198-199	moodboard/stock.adobe.com
200-201	rabbit75_fot/stock.adobe.com

Illustration

008-009	Newton Press
010～013	小﨑哲太郎
014～027	Newton Press
030-031	矢田 明
032～041	Newton Press
042～047	吉原成行
048～067	Newton Press
070-071	荻野遥海
072～077	Newton Press
078-079	小林 稔
080-081	Newton Press
082～085	荻野遥海
086-087	Newton Press・荻野遥海
088-089	Newton Press
090-091	黒田清桐
092～127	Newton Press
128	吉原成行
129上	飛田敏
129下	制作室　岡田香澄
130～145	Newton Press
148	デザイン室
149	Newton Press
150-151	荒内幸一
152	Newton Press
153	デザイン室　髙島達明
154-155	荒内幸一
160～165	Newton Press
166-167	Newton Press［※1を加筆改変］
168～185	Newton Press
184	sutham/Shutterstock.com
186-187	Newton Press［※2を使用して作成］
188～195	Newton Press

※1：BodyParts3D, Copyright© 2008 ライフサイエンス統合データベースセンター licensed by CC表示－継承2.1 日本（http://lifesciencedb.jp/bp3d/info/license/index.html）

※2：PDB ID: 5F5Y, 5EYO, 3RTYを元にePMV（Johnson, G.T. and Autin, L., Goodsell, D.S., Sanner, M.F., Olson, A.J.（2011）. ePMV Embeds Molecular Modeling into Professional Animation Software Environments. Structure 19, 293-303）とMSMS molecular surface（Sanner, M.F., Spehner, J.-C., and Olson, A.J.（1996）Reduced surface: an efficient way to compute molecular surfaces. Biopolymers, Vol. 38,（3）,305-320）

Galileo科學大圖鑑系列 14

VISUAL BOOK OF THE TIME

時間大圖鑑

作者／日本Newton Press
特約編輯／謝育哲
翻譯／陳朕疆
編輯／林庭安
發行人／周元白
出版者／人人出版股份有限公司
地址／231028新北市新店區寶橋路235巷6弄6號7樓
電話／(02)2918-3366（代表號）
傳真／(02)2914-0000
網址／www.jjp.com.tw
郵政劃撥帳號／16402311人人出版股份有限公司
製版印刷／長城製版印刷股份有限公司
電話／(02)2918-3366（代表號）
經銷商／聯合發行股份有限公司
電話／(02)2917-8022
香港經銷商／一代匯集
電話／(852)2783-8102
第一版第一刷／2022年12月
定價／新台幣630元
港幣210元

國家圖書館出版品預行編目資料

時間大圖鑑 / Visual book of the time/
日本 Newton Press 作；
陳朕疆翻譯 . -- 第一版 . -- 新北市：
人人出版股份有限公司，2022.12
面；　公分 . --（Galileo 科學大圖鑑系列；14）
ISBN 978-986-461-314-4（平裝）
1.CST：理論物理學 2.CST：時間

331　　111016598